JN060547

楽しい調べ学習シリーズ

ごみから考える SDGs

未来を変えるために、何ができる?

[監修] 織 朱實

PHP

はじめに

ごみ問題から SDGsを考えてみよう！

ＳＤＧｓは、2030年までに世界全体で達成しようという国連の17の目標です。「貧困をなくそう」や「海の豊かさを守ろう」など、「どれも、大切な目標だけど、自分たちには関係がない」、と思ったりしていませんか？ でも、「住み続けられるまちづくりを」などは、みんなにも関係ありますよね。よくよく考えてみると、ＳＤＧｓの17の目標は、どれもわたしたちにとって身近なものなのです。ＳＤＧｓの大きなポイントは、わたしたちの世界は「つながっている」、そしてそれは「一人ひとりの行動が起点」という点です。でも、こうした「つながっている世界」を、理解することはかんたんではありません。そこで、この本では、みんなと一緒に身近な「ごみ」からＳＤＧｓの世界を考えたいと思います。普段なにげなく食べているポテトチップスの袋や、飲み終わったペットボトルからも

©NOAA

「つながる世界」が見えてきます。ウミガメの鼻にストローが刺さっていたり、大量のプラスチックがクジラのお腹から出てくるショッキングな映像を見たことがありませんか？ 今、世界中で問題になっている、海洋プラスチックごみ問題。日本は、世界に誇るプラスチックのリサイクルシステムをつくってきました。しかし、分別がきちんとされずに、汚れが残った食品容器や自動販売機わきのペットボトルなどが、国内では手間や人件費がかかることからリサイクルされずに中国に輸出されていました。中国に渡ったプラスチックごみは、安いプラスチック製品の原料を作るために、劣悪な環境の下で、時には子どもも使って、仕分け・洗浄が行われ、そのまま処理されずに海に流れ出てしまっていました。自国の環境問題に目を向けた中国は、2018年にプラスチックごみの輸入禁止を発表しました。

「安い」「便利」というだけで購入して、きちんと分別をしない、それが他国の環境汚染や児童労働につながっていく。まさに、ＳＤＧｓの本質「つながる世界」がわたしたちのごみ箱から見えてくるのです。かしこい消費者として選択していくこと、本当に必要なプラスチック製品とそうでない製品を見極めていくこと、ごみとなったものは分別をきちんと行って、海への流出を防ぐこと。こうした一つ一つの行動が、海洋プラスチック問題の解決につながっていくのです。この本を読みながら、ＳＤＧｓの「つながる世界」について考えてみてください。

上智大学大学院
地球環境学研究科 教授　**織 朱實**

ごみから考えるSDGs

もくじ

2章 ごみの一生から考えよう！

3章 どんなことができるんだろう？

SDGsって何だろう？

SUSTAINABLE DEVELOPMENT GOALS

世界を変えるための17の目標

1 貧困をなくそう

2 飢餓をゼロに

3 すべての人に健康と福祉を

4 質の高い教育をみんなに

5 ジェンダー平等を実現しよう

6 安全な水とトイレを世界中に

7 エネルギーをみんなにそしてクリーンに

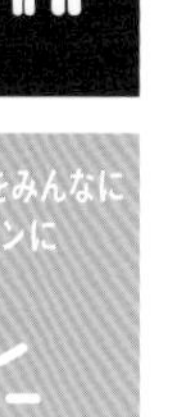

8 働きがいも経済成長も

9 産業と技術革新の基盤をつくろう

10 人や国の不平等をなくそう

11 住み続けられるまちづくりを

12 つくる責任つかう責任

13 気候変動に具体的な対策を

14 海の豊かさを守ろう

15 陸の豊かさも守ろう

16 平和と公正をすべての人に

17 パートナーシップで目標を達成しよう

SUSTAINABLE DEVELOPMENT GOALS

2030年に向けて
世界が合意した
「持続可能な開発目標」です

世界中の人に持続可能な未来を

2015年9月、国際連合（国連）の総会で、未来を持続可能な世界にするために、世界のすべての人が取り組むべき2030年までの目標が定められました。それが「SDGs」です。

地球でくらせなくなる!?

世界の人口は、1900年には16億人ほどだったのが、2019年には77億人になっています。さらに2030年には85億人、2050年には97億人を超えると予測されています[*1]。

一方で、世界はいま、下の絵で示したようなさまざまな問題をかかえています。また、地球温暖化が進み、異常気象が起こりやすくなっています。人間のさまざまな活動によって、地球の環境が変わり、多くの生き物が絶滅しているといわれています。このままでは、やがて人類も地球上でくらせなくなるかもしれません。

世界の10人に3人は、安全な水を利用できず、9億人近い人がトイレがなくて屋外で用を足している。

世界人口の半数にあたる35億人が、地球の陸地面積のわずか3%の都市でくらしている。

世界の約16億人が、森林やそこに生息する生き物にたよってくらしている。

排水の80%以上は、処理されないまま川や海に流され汚染を引きおこしている。

地球温暖化対策を何もせずにこのままいくと、今世紀末には世界の平均海面水位は最大で1.1m上昇する。

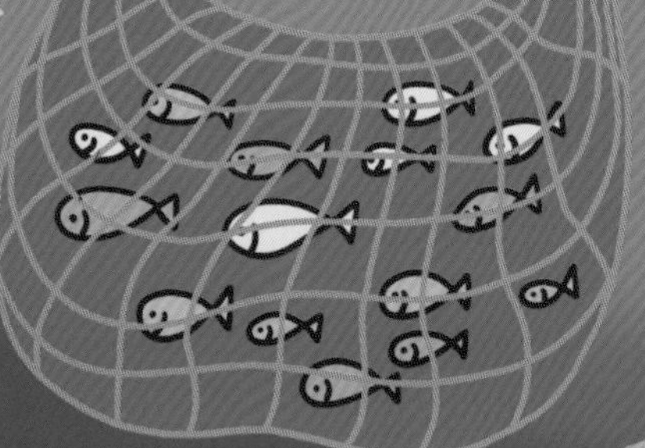

海と沿岸の生き物にたよってくらす人は、世界で30億人を超える。

＊1 国連「世界人口推計2019年版」

9人に1人が極度の貧困状態

現在、世界では8億人近い人が、1日に使えるお金が1ドル90セント（約205円）未満という生活を送っています*2。そうした人たちは、十分な食べ物や安全な家がなかったり、学校に行くこともできなかったりという極度の貧困で苦しんでいます。

こうした、貧しく、社会的な立場が弱い人たちは、異常気象などによる自然災害や、国同士の戦争や内戦などの紛争で大きな影響を受けやすく、貧困からなかなかぬけ出せません。また、災害や紛争は、貧困に苦しむ人を新たに生み出します。

世界の9人に1人は、栄養不良（飢餓状態）におちいっている。

5歳の誕生日をむかえる前に命を失う子どもは、毎年500万人を超える。

世界の約40億人は電力を利用できていない。

毎日1000人近くの子どもがきれいな水が飲めずに、おなかをこわして亡くなっている。

世界の5700万人の子どもが学校へ通えていない。発展途上国の3分の1は、小学校（初等教育）において男女平等ではない。

貧しい人びとの7[illegible]、砂漠化などによる土地の劣化から直接的な影響を受ける。

だれ一人とり残さない

SDGsは、世界のこうしたさまざまな問題を解決し、わたしたちが未来も地球上でくらせるようにするためには何をすべきか、その目標を定めたものです。英語のSustainable Development Goalsの頭文字をとったもので、「持続可能な開発目標」という意味です。

またSDGsは、世界各国のさまざまな人たちが協議を重ねて定めた目標であり、「だれ一人とり残さない」を合言葉にしています。そこには、先進国と発展途上国の不平等や格差、社会における強者と弱者の格差をなくしていくという思いがこめられています。目標達成の期限は2030年です。

*2 国連広報センター資料。イラスト中の説明のデータも、主に国連広報センターによるもの。（2018年12月時点）

世界の人びとが協力して立てた目標

SDGsでは、貧困や不平等のない世界にするために、17の大きな目標が設定されています。それらは「経済」「社会」「環境」という3つの分野に分類できます。どんな目標でしょうか？

17の大きな目標

17の大きな目標は、すべての人が豊かで、健康で、差別を受けない世界、そして、地球の環境を守りながら、みんなが満足して働ける社会を目指すものです。大きく「経済」「社会」「環境」にかかわる1〜16の目標と、その目標を達成するための手段として、17番目にパートナーシップ、つまり、みんなで協力して目標を達成することがかかげられています。

経済、社会、環境の3つの関係については、いくつかの考え方がありますが、下に示したのは、経済は社会に、社会は環境に支えられているとする「SDGsウェディングケーキモデル」*とよばれるものです。

目標の達成のために必要な手段を強化し、持続可能な開発に向けて世界のみんなで協力する。

持続可能な経済成長を促進し、すべての人が生産的で働きがいのある人間らしい仕事に就くことができるようにする。

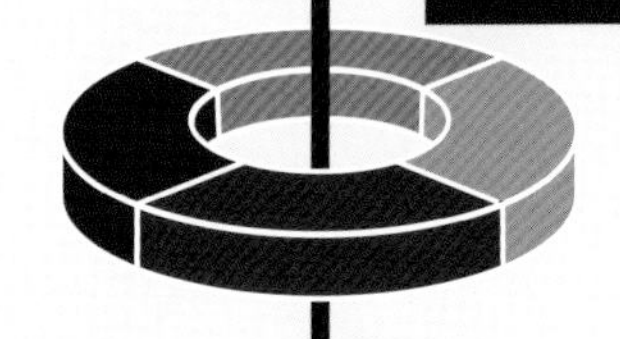

社会

1 貧困をなくそう

あらゆる場所の、あらゆる形態の貧困を終わらせる。

すべての人が、安くて安定した持続可能な近代的エネルギーを利用できるようにする。

あらゆる年齢の、すべての人びとの健康的な生活を確保し、福祉を促進する。

安全で災害に強く、持続可能な都市および居住環境を実現する。

持続可能な開発のための、平和的でだれも置き去りにしない社会を促進し、すべての人が法や制度で守られる社会を構築する。

環境

陸上の生態系や森林の保護・回復と持続可能な利用を推進し、砂漠化と土地の劣化や生物多様性の損失を阻止する。

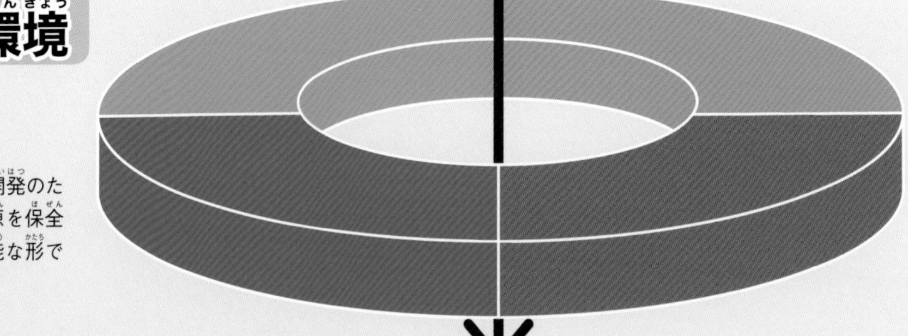

持続可能な開発のために海洋資源を保全し、持続可能な形で利用する。

※各目標の内容は外務省の仮訳をもとに、日本ユニセフ協会がわかりやすく意訳したものを参考にしています。

＊SDGs"Wedding cake"illustration presented by Johan Rockström and Pavan Sukhdevを参照。

より具体的なターゲット

17の目標の1つ1つは壮大で、どう目指せばいいのかわかりにくいものもあります。そのため、それぞれの目標には、5個～十数個、全部で169の具体的なターゲット（達成基準）がつくられています。

たとえば、目標1の「貧困をなくそう」には、「2030年までに各国の中で、貧困とされるすべての人びとの割合を半分に減らす」という具体的な数値を出したターゲットがあります。また、目標14の「海の豊かさを守ろう」には、「2025年までに、陸上活動による海洋ごみや富栄養化、あらゆる種類の海洋汚染を防止し、大幅に削減する」など、よりくわしい指標が設定されているのです。

災害に強いインフラをつくり、持続可能な形で産業を発展させ、技術革新を推進する。

持続可能な方法で生産し、消費する取り組みを進める。

国内および国家間の不平等を正す。

すべての人が受けられる公平で質の高い教育の完全普及を達成し、生涯にわたって学習できる機会を増やす。

飢餓を終わらせ、すべての人が1年を通して栄養のある十分な食料を確保できるようにし、持続可能な農業を促進する。

ジェンダーの平等を達成し、すべての女性および女児の能力の可能性を伸ばす。

すべての人が安全な水とトイレを利用できるよう衛生環境を改善し、ずっと管理していけるようにする。

気候変動およびその影響を軽減するための緊急対策を講じる。

一人ひとりが取り組むべき目標

SDGsは、法的な義務ではなく、すべての国の人が当事者意識をもって自主的に取り組みましょう、という目標です。また、国や地方自治体、会社や学校などの団体だけでなく、個人も重要な役割をになっています。目標に取り組むのは、大人だけではありません。2030年には大人になっているだろう、現在の子どもたちも、未来を貧困や不平等のない持続可能な世界にするために、何をすればいいのかを考え、できることから取り組むことが必要です。

自分一人で取り組んでも、何も変わらないと思うかもしれません。しかし、学校の行き帰りに、落ちているごみを1つ拾ってごみ箱に捨てるという取り組みをはじめたら、それを見た友人もはじめるかもしれません。それがクラスメート全員、さらに学校の全員に広がれば、街はあっという間にきれいになるでしょう。SDGsには、こんな形でも取り組むことができます。

調和のとれた世界に

SDGsの目標では、「経済」「社会」「環境」のどれもが重要です。3つのバランスをとるためには、どうすればよいでしょうか？

1つだけを大切にすると

これまで人間は、地球の資源をたくさん使って、たくさんの商品をつくり、たくさん売り買いすることで経済を成長させてきました。しかし、地球の資源には限りがあり、また商品をつくったり運んだりするときに環境に悪い影響をあたえてしまいます。

だからといって、つくる商品を減らすと、売り買いが減り、商品をつくったり、売ったりする会社は利益が減るため、働いている人に給料をはらえなくなります。すると、税金が減って、国などの収入が少なくなります。そして、国や自治体が整備している学校や病院、水道や電気、ダムや鉄道、道路など、くらしに必要なものにかけられるお金が減り、人びとがくらしにくい社会になっていきます。

工場を止め、車も走らさなければ、排水や二酸化炭素が減って、地球環境を保全できるけれど……。

工場が動かなかったり、運ぶ人がいなかったりすると、ものが届かなくなる。一方で、働く人は給料が減って、ものを買えなくなる。

さらに、働く人が納める税金が減り、国や自治体のお金が減ると、みんなが使う道路や学校などの整備ができなくなる。

考え方を変えてみよう

これまでのような、商品をたくさんつくって、たくさん使う大量生産・大量消費の社会では、経済成長と環境保全という目標がしばしば対立します。しかし、SDGsでは、経済成長も、社会の安定も、環境保全も同時に達成することを目標としています。

そこで、この目標に取り組むためには、環境を守ることが経済成長や社会の安定につながるという考え方を、みんながもつことが必要です。たとえば、ごみのポイ捨てをやめて、きちんと分別して捨てれば、街がきれいになります。海に流れこむプラスチックなどの海洋ごみも減って、海洋汚染をふせぐことにもなります。そして、分別回収されるごみが増えれば、それを再利用するためのリサイクルセンターなどの施設がさらに必要になり、新たな雇用が生まれます。これは、経済成長につながります。

ごみのポイ捨てをやめ、きちんと分別して捨てれば、街がきれいになり、海洋ごみも減る。

経済

ごみを再利用するため、リサイクルセンターなどの施設ができ、新たな雇用が生まれる。

より良い流れをつくる

新たな雇用が生まれて働く人が納める税金が増えると、国や自治体の税収が増え、それを街の整備に使うことができるようになります。

整備されたきれいな街は、そこでくらす人たちのうるおいの場になり、街をきれいに保ちたいという気持ちにさせます。大人と子どもがいっしょに、どうすればきれいな街を保つことができるかを話し合うような場ができれば、地域社会の活性化にもつながります。

環境保全を考えることが、経済成長と社会の安定につながる、このような良い流れをつくることができれば、経済、社会、環境の3つを同時に成り立たせることができるのです。

働く人が増えて税金が増えれば、自治体が街の整備に使うお金も増える。その街をきれいに保つための方法を大人と子どもがいっしょに考える。

ごみを入り口にしてみよう

現在、世界ではたくさんの商品がつくられ、使い終わったものが大量のごみになっています。人口が増える未来で、このようにごみを出しつづけてだいじょうぶでしょうか？

大量のごみが出されている

現代社会の生活では、必ず何らかのごみが生まれます。日本で1年間に出るごみ（一般廃棄物→26ページ）の量は、2000年には5483万トンあり、1人1日あたり約1.2kgのごみを出していました。それが2017年には4289万トン、1人1日あたり920gにまで減ってきました*1。

しかし、世界では、2016年には年間約20億1000万トンのごみ（廃棄物）が出ていて、それが今後30年間に34億トンに増えると考えられています*2。

多くの自治体では、ごみを分別収集している。また中身を確認できる半透明のごみ袋が使われている。

総務省統計局『世界の統計 2019』「一般廃棄物排出量の推移（2016）」より作成

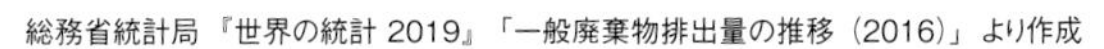

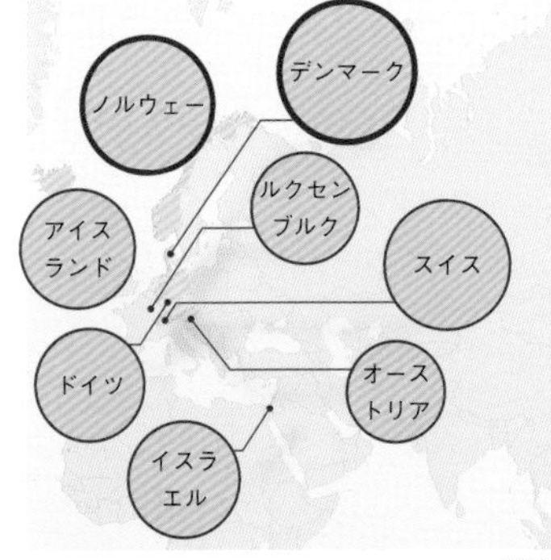

順位	国名	1人1日あたり排出量
1	デンマーク	2134g
2	ノルウェー	2058g
3	アメリカ合衆国	2022g
4	ニュージーランド	2003g
5	スイス	1975g
6	アイスランド	1811g
7	イスラエル	1770g
8	ドイツ	1726g
9	ルクセンブルク	1701g
10	オーストリア	1551g
33	日本	942g

世界で1人1日あたりのごみ排出量が多い国10か国。世界の人口のわずか16％ほどの高所得の国ぐにが、世界で出るごみの34％以上を出しているといわれる*2。

ごみの格差

世界のごみの量を、国民1人が1日に出す量でくらべてみると、所得が高い先進国ほど多く、所得が低い発展途上国のほうが少なくなっています。こんなところにも、先進国と発展途上国の格差が見られます。

今後は、先進国のごみはそれほど増えず、発展途上国の人たちの生活が経済成長で先進国の生活に近づくにつれ、発展途上国のごみが増えていくと考えられています。ごみが増えつづける社会は持続可能といえるのでしょうか。

*1 環境省『日本の廃棄物処理 平成29年度版』　*2 世界銀行『What a Waste 2.0』

アメリカのごみ埋立処分場。アメリカでは広い土地を利用して、約52%のごみがそのまま埋め立てられている（2015年）*。

ごみの行き先

国土のせまい日本では、燃えるごみ（可燃ごみ）は清掃工場で燃やされ、発生した灰は、リサイクルされる分を除いて埋め立てられています。燃やす（焼却する）ことで、地球温暖化の原因の1つとされる二酸化炭素が出るため、ごみを焼却することに反対している国もあります。そうした国では、広い土地を利用して、ごみを埋め立てています。しかし、ごみの埋め立ては、管理をきちんと行わないと、雨などによりごみから出た有害な物質が地面にしみこんで地下水を汚染するおそれがあります。

また、発展途上国の中には、ごみを集めるしくみがない国もあり、そういう国では、街中や、川や海などにごみが捨てられることもあります。

こうして放置されたごみが、地球環境に大きな影響をおよぼしているのです。

*経済開発協力機構（OECD）資料 "Municipal waste"

1つの入り口がすべてにつながる

ごみを入り口にSDGsを考えると、「12 つくる責任・つかう責任」にかかわっていることに気づきます。しかし、ほかの目標にもかかわっていないでしょうか?

ふだんのくらしから考えると……

わたしたちは、毎日、たくさんのものを使っています。なかでも、石油からつくられるプラスチックは、成形がかんたんで、軽くてじょうぶなため、スマートフォンやゲーム機の部品、消しゴムや定規、シャープペンシル、ペットボトル、めがねやコンタクトレンズなど、いろいろなものに使われています。スーパーマーケットやコンビニなどで売られる野菜や果物、肉や魚、お菓子の包装にも使われています。

これらのうち、1回しか使われないペットボトルやレジ袋などの使い捨てプラスチック類(シングル・ユース・プラスチック)は、使用後にごみとして捨てられています。日本の家庭で出るプラスチックごみ(一般廃棄物)は約418万トンで、そのうち80%近くは包装や容器に使われているものです*。

食べ物を包装することで、よごれやきずがつきにくくなったり、運んだり、重ねてならべたりしやすくなる。包装されたものを買って、さらにプラスチックでできたレジ袋などに入れられる。

100円ショップでは、さまざまな雑貨を安く買うことができるため、たくさん買いすぎることもある。

軽くてじょうぶなペットボトルや、分けて食べられる個包装のお菓子などは、便利でも、ごみが増えることになる。

* プラスチック循環利用協会『2017年プラスチック製品の生産・廃棄・再資源化・処理処分の状況』

さまざまな目標とつながっている

ものを買うときに、持ち運びがしやすくて便利であるために、個包装されたお菓子やペットボトルの飲み物を買って、ごみを増やしていないでしょうか。また、何も考えず、安いからという理由だけでものを買っていないでしょうか。わたしたちが使ったり、食べたりするものは、すべて地球にある資源でつくられています。それらを安いからといって、たくさん使うことは、地球の資源を大きく失うことにつながります。また、たくさん使って、たくさん捨てれば、地球環境に悪い影響をおよぼします。さらに、その安いものは、だれかが不当に安い賃金で働いてつくっているかもしれません。

このように考えると、身近なプラスチックごみが、SDGsの17の目標の多くにつながっていることがわかります。

＊ アブラヤシの実からとれる油で、食品やせっけんなど日用品に使われる。

ごみの一生から考えよう！

RECYCLE

何がごみになるんだろう？

ごみは、最初からごみだったわけではありません。人が使って、役に立っている間は、捨てられることはありません。わたしたちが捨てるごみは、もとはいったい何だったのでしょうか？

ごみになるものは？

わたしたちが使っているものは、すべて限られた地球の資源を原料にしています。

ノートや本などの紙は、木や草などの植物からつくられ、服などに使う布は、ワタやアサなどの植物、ヒツジやカイコなどの生き物、地下や海底からとった石油などからつくられています。鉄や銅などの金属も、鉄鉱石や銅鉱石といった地球の鉱物から得られます。

わたしたちは、地球の資源を使って、ものをつくり、あきたり、よごれたり、こわれたりすると、ごみとして捨てているのです。

地球の資源が減りつつある

自然からとれる植物や動物、水や金属、化石燃料など、人がものをつくるときに使うものを「資源」といいます。世界中で使われる資源の量は増えていて、1970年には270億トンだったのが、2017年には920億トンに増え、このままでは2060年には1900億トンになるといわれています*1。

現在、世界では、森林や、魚などの水産資源をふくむ地球資源が1年間に生み出される分を約7か月で使い切っているとされています。そのため、これらの資源はだんだんと減っています。また、埋蔵量が限られている石油や石炭、天然ガスといった化石燃料では、石炭が約130年、石油、天然ガスは約50年でとれなくなると予測されています。

7.1 個必要

日本で使っている資源を、日本国内だけの資源で、すべてまかなうとしたら、日本が7個あっても足りない。

2.9 個必要

さらに世界中の人が日本人と同じ生活をすると、地球は2.9個必要になるといわれている*2。

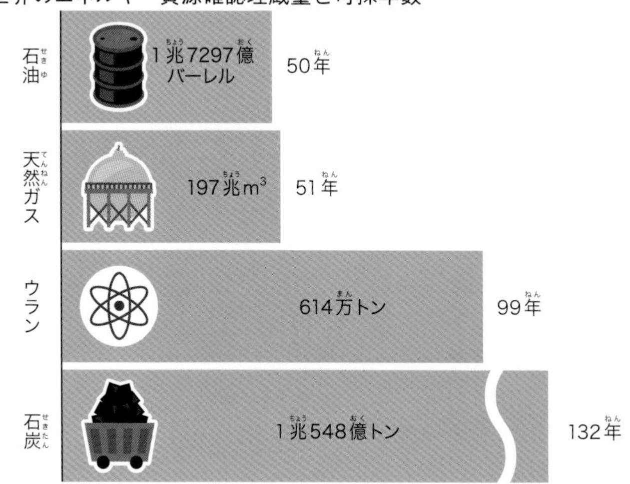

日本原子力文化財団『原子力・エネルギー図面集』「世界のエネルギー資源確認埋蔵量」より作成

可採年数はあとどれぐらいの期間採掘できるかを表すもので、埋蔵確認量を年間生産量で割ったもの。

たくさんの資源や製品を輸入する日本

日本は、原油や石炭、天然ガスなどの化石燃料、衣類や医薬品、電子機器、木材や食料など、たくさんの資源や製品を輸入しています。製品は、それらが海外でつくられるときに、燃料や水、飼料など資源が使われるため、わたしたちが考えているより多くの資源を世界中から輸入していることになります。

環境省の2015年の調査では、日本ではリサイクル（循環利用）されたものもふくめて、16億900万トンの資源が使われ、そのうち1400万トンは、再利用されずにごみとして捨てられています。将来も地球でくらしていくためには、資源の使用量やごみを減らし、循環利用を増やしていかなければなりません。

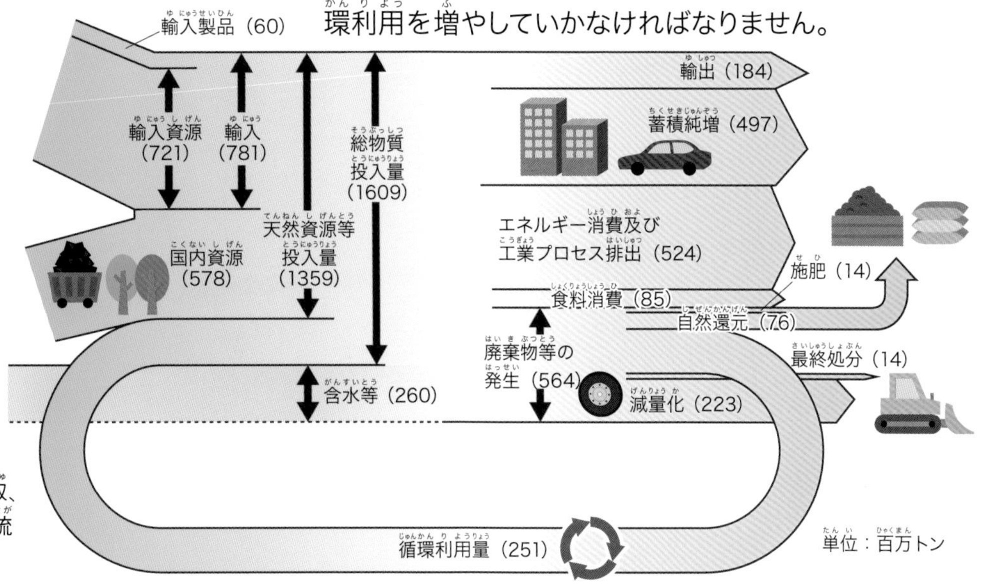

わたしたちがどれだけの資源を採取、消費、廃棄しているかを、ものの流れ（物質フロー）で示している。

環境省『環境白書 平成30年版』「我が国の物質フロー」より作成

*1 国連環境計画「Global Resources Outlook 2019」
*2 世界自然保護基金ジャパン「日本のエコロジカル・フットプリント2017最新版」

ごみなの？ 資源なの？

ごみとは何でしょう？　自分にとってはごみでも、人によっては、そのごみが資源になることもあります。ごみと資源は、これまでどう分けられてきたのでしょうか？

ごみが資源になる？

いらなくなったものや使えなくなったものは、ごみになります。しかし、それはある人にとっていらなくなった、使えなくなったというだけで、ほかのだれかにとっては必要なものかもしれません。また、逆に、自分にとっては大切なものでも、ほかの人にとってはごみかもしれません。

ある人にとっていらなくなったものでも、ほかの人が必要とすれば、それはごみではなく資源になります。

リサイクルされるものは「有価物」

廃棄物（ごみ）とは、日本の法律では、汚でいや燃えがら、ふん尿、廃油など、いらないもの（不要物）だとされていました。現在では本や服など、リサイクルショップなどが買い取ってくれるものは「有価物」（価値があるもの）とされ、廃棄物とは区別されています。

廃棄物とされるものには、人や環境にとって有害なものもあるため、集めたり、運んだり、処理したりするには、廃棄物に関する法律の厳しい基準をクリアし、都道府県など自治体の許可が必要です。

廃棄物？　有価物？

廃棄物か有価物かが、問題になったことがあります。「おから事件」です。おからは、豆腐をつくるときに出るもので、食べ物としても売られています。このおからを、許可を得ていない処理業者が、肥料をつくる目的で、お金をもらって集めたにもかかわらず、放っておいてくさらせてしまいました。

この事件では、おからは、売り物（有価物）でもありますが、くさりやすく、売り買いされる量が少ないこと、ほとんどが無料でウシやブタなどのえさとしてゆずられたり、お金をもらって処理業者が処分していたりすることから、最高裁判所で廃棄物だと判断されました。

その後は、いらないものというだけでなく、売り買いできない（お金にできない）こと、そのものがどう取りあつかわれているかなどを総合的に見て、廃棄物かどうかが決められるようになりました。

豆腐をつくるときに出るおからは、有価物だが、そのほとんどが廃棄物として処理されていた。

廃棄物の中の有価物!?

何が廃棄物になるのかが問題になった事件が、ほかにもあります。

瀬戸内海にある香川県の豊島では、ある廃棄物処理業者が、ミミズを養殖すると称して、有害な産業廃棄物を不法に捨てていました。捨てられた産業廃棄物は、野外に放っておかれたり、野焼きされたりして、土地をよごし、悪臭や煙やすすなどを発生させていました。このとき、業者は、廃棄物であるはずのものを「有価物」だと主張したため、長い間、環境をよごしつづけたのです。

その後、世界的に有価物かどうかは関係なく、法律によって処分が決められているものが廃棄物とされるようになりました。さらに、おからなどの、あるものをつくる途中でできるもの（副産物）も廃棄物とされ、その中で使えるものは「循環資源」とよばれるようになりました。

本当に必要なものは何だろう？

多くの商品は、紙やプラスチックなどで包装されて、売られています。包装は、最後にはごみとして捨てられるものなのに、どうして必要なのでしょうか？

包装は何のため？

わたしたちが売り場で見る商品は、ほとんどが紙やプラスチックなどでつつまれています。こうした包装は、商品を運んだり、ならべたりしやすくするほか、よごれや衝撃から商品を守り、中の食べ物をくさりにくくしたりします。ほかにも、商品をよく見せたり、原材料や値段などをわかりやすく見せたりするのにも役立ちます。また、商品を手にとって買ってもらうためのくふうをした、かざりとしての包装もあります。さらに、買うときには、紙やプラスチックでできた袋に入れてわたされます。

きずがつきやすいものも、ダンボール箱につめれば、箱を重ねて大量に運ぶことができる。

ラップフィルムなどでつつむことで、肉や魚などの生のものにごみや細菌がつきにくくなる。

つつみすぎている？

友だちやおじいちゃん、おばあちゃんの家などに行くとき、お土産を買っていくとしましょう。いろいろな種類のクッキーが入った箱や、缶入りのお菓子を選ぶと、1つ1つが袋でつつまれ、種類ごとにしきりがされていることもあります。箱や缶はプラスチックのテープを使って閉じられていたり、プラスチックの袋で封がされていることもあります。プレゼント用の場合は、さらに、きれいな紙でつつまれ、リボンやのしがつけられることがあります。でも、クッキーを食べるときには、そのほとんどはごみになっています。

日本は、容器・包装ごみ大国

商品を入れたりつつんだりしている缶、ペットボトル、トレイ、チューブ、ラップフィルム、紙などのことを容器・包装といいます。容器・包装は、中身を出したり使ったりしたあとは、基本的にすべて、ごみとして捨てられています。どれくらい捨てられているのかを、国内の8つの都市で調べた調査によると、回収されたごみのうち、重さにして約23%、容積にして約62%が容器・包装に使われたごみでした。また、その中でもプラスチック類のごみの量は多く、日本は1人あたりの使い捨てプラスチック（→16ページ）の使用量が、アメリカについで世界第2位といわれています*。

ごみ全体に占める容器・包装ごみの割合

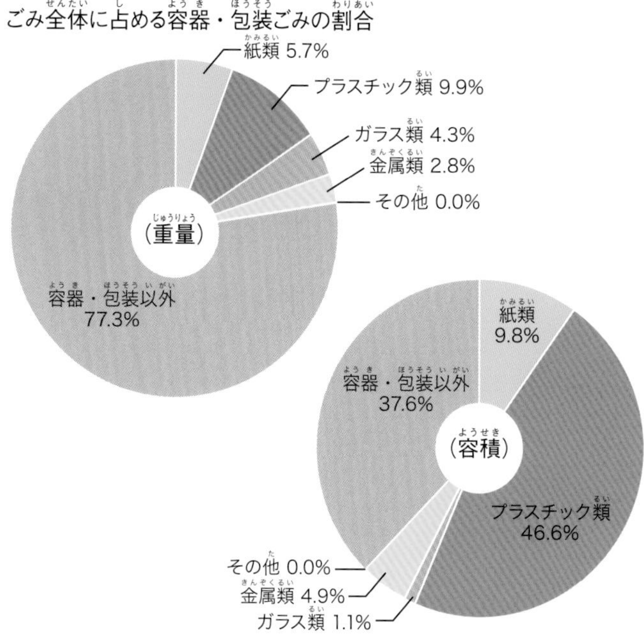

環境省「容器包装廃棄物の使用・排出実態調査」（平成30年度）より作成

プラスチック類は、紙やガラス、金属などにくらべ、成形がかんたんで、耐水や断熱、電気を通さないなどの性質があるため、容器・包装に使われやすい。

その包装は必要だろうか？

商品を良い状態に保ったり、よごれなどから守ったりするには、包装はなくてはならないものです。また、プレゼントであれば、きれいな包装も大切でしょう。では、すぐに使いきってしまうものや、自分がふだん使うものにいくつも包装を重ねたり、かざりをつけたりすることは必要でしょうか。

自分は何が欲しいのか、何を必要としているのかを考えて、最後には捨ててしまうようなよぶんな包装ではなく、かんたんな包装がされた商品を選ぶことが大切です。必要のない包装やレジ袋をことわることも、ごみを減らすのに役立ちます。

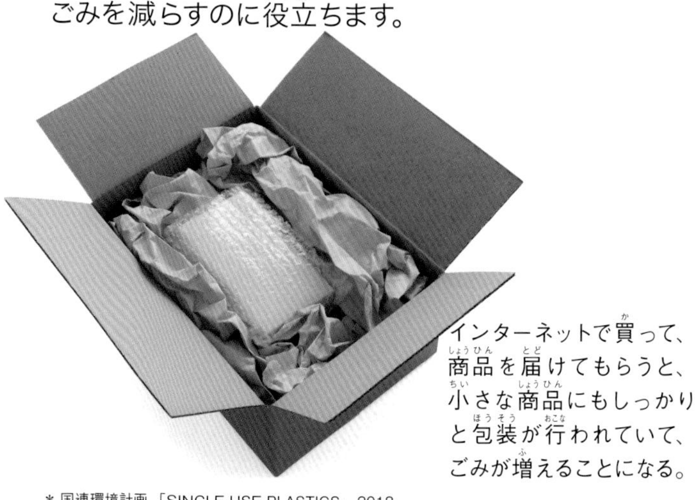

インターネットで買って、商品を届けてもらうと、小さな商品にもしっかりと包装が行われていて、ごみが増えることになる。

1本ずつ包装されたペンと、そのまま棚に並べられているペンならば、どちらがいいか。買うときには、さらに紙袋やレジ袋に入れられるかもしれない。

本にカバーをすると、よごれや日やけから守れるが、自分が読む本にカバーは必要だろうか。

＊国連環境計画「SINGLE-USE PLASTICS」2018

手に届くまでにごみになる

商品がわたしたちの手に届くまでの間にも、たくさんのごみが出ています。どこで、どのようなごみが出ているのでしょうか？

商品をつくるまでに出るごみ

ごみは、わたしたちの家で出るものだけではありません。商品がつくられて、わたしたちの手に届くまでの間にも、さまざまなところで出ています。

農作物は、虫食いや台風などできずがついて、売り物として出荷できなければ、ごみになります。また、漁でとれた魚も、売りたいものと種類がちがうために、売られずに捨てられることもあります。

さらに、食品や自動車、電化製品などをつくる工場では、製品をつくる過程で汚水や汚でい、プラスチックや鉄のくずなど、さまざまなごみが出ます。原材料のすべてを商品にすることはできません。必ずむだになるものが出てしまいます。

大切に育てているものでも、台風などの自然災害や病害虫で売り物にならないことがある。

ごみの種類いろいろ

日本では、ごみは廃棄物として、法律でいくつかの種類に分けられています。生ごみや紙くずなど、家から出るごみと、会社の事務所などから出る紙くずや包装紙などは、「一般廃棄物」とよばれます。それに対して、工場でものをつくったり、農作物や家畜を育てたりするときに出るごみは「産業廃棄物」といいます。産業廃棄物は、年間に約３億8000万トン以上出ていて、その40％以上が汚でいで、その次に多いのが動物のふん尿です＊。産業廃棄物は、そのごみを出した人が責任をもって、専門の処理業者に処分を依頼することになっています。

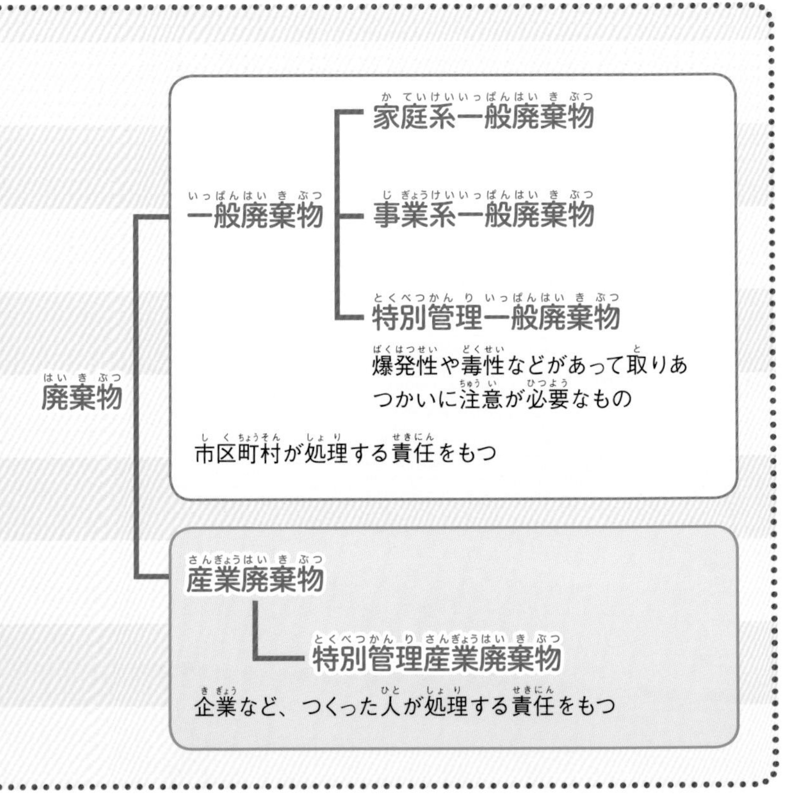

＊ 環境省「産業廃棄物の排出及び処理状況等（平成29年度）について」

買われるまでにごみになる

食品や衣料、雑貨などの製品は、工場から出荷され、スーパーや百貨店などの小売店に、トラックや貨物列車、船、飛行機などで運ばれます。その間に、製品にきずがつくと、売り物にならないので捨てられることもあります。

そのため、きずがつかないように、製品のほとんどは、紙やプラスチックなどを使って包装されています。しかし、こうした包装は、売り場で売られるときにはほとんどが捨てられています。

さらに、商品として売り場にならんでも、買う人がいなくて売れ残ったり、食品であれば消費期限や賞味期限が切れたりすると、多くがごみになります。まだ食べられるのに捨てられている食品は食品ロス（→51ページ）といわれ、問題となっています。

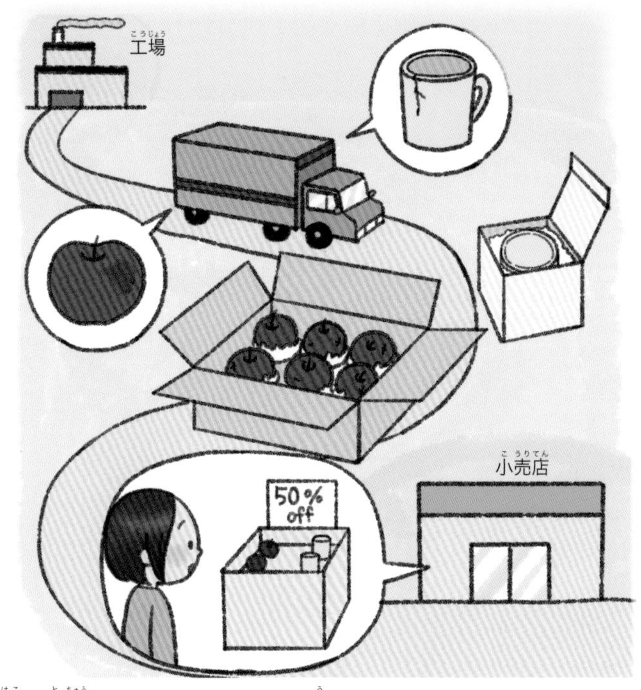

運ぶ途中できずがついたりして、売れないものはごみになる。また、店で売れ残ったものもごみとなる。とくに売れ残った食品は、産業廃棄物ではなく、一般廃棄物として処理されている。

つくって運ぶときに出るもの

ものをつくるとき、機械を動かすのに化石燃料を使うと、その分、二酸化炭素（CO_2）が排出されます。機械を動かすのが電気だとすると、その電気をつくるために化石燃料を燃やせば、やはり二酸化炭素が排出されます。また、できあがったものを運ぶためのトラックや飛行機、船なども化石燃料を使って動くので、運ぶ距離が長ければ長いほど、たくさんの二酸化炭素が出ることになります。

二酸化炭素は、地球の気温が上がる、地球温暖化の原因の1つとされています。地球温暖化によって、異常気象が起こりやすくなっています。異常気象がもたらす災害による被災者を減らすためにも、化石燃料の使用量を減らすとともに、ものを運ぶ距離を短くする必要があります。農産物などでは、地元でつくられたものを地元で消費する「地産地消」の考え方が広がっています。

つくったものを、つくられた場所からなるべく近いところで消費するのが「地産地消」という考え方。トラックなどで運ぶときに排出される二酸化炭素などを減らすことができる。

あふれるごみが地球をよごす

日本では、家庭から出るごみは、燃やされたり、埋められたりします。2016年には、世界で20億1000万トン(→14ページ)もごみが出ています。どのように処理されているのでしょうか?

画像提供:練馬区

ごみ収集

日本のごみのゆくえ

日本では、家庭から出るごみは、決められた日時に、決められた場所に出せば、市区町村の職員や市区町村から委託された民間の作業員がごみ収集車で集めてくれます。集められたごみのうち、可燃ごみは清掃工場へ、不燃ごみや粗大ごみは処理施設に集められ、細かくくだかれて、再利用できるものはリサイクルへ、再利用できないものは埋立処分場に運ばれます。

会社などでものをつくる過程で出る産業廃棄物も、再利用できないものや処理しきれないものは、最終処分地で埋め立てられています。

画像提供:東京二十三区清掃一部事務組合

清掃工場の焼却炉

画像提供:東京都環境局

清掃工場で焼却されたあとの灰や、小さくくだかれた不燃ごみや粗大ごみは、埋立処分場に運ばれ、種類ごとに決められた場所に運ばれ、土をかけて埋められる。

埋立処分場がいっぱいになる!?

埋立処分となるごみは、2000年度は年間約5600万トンありました。年々減らしていくことで、2016年度には約1387万トンに減っています。

それでも、一般廃棄物も産業廃棄物も、埋立処分場の容量には限りがあります。2016年度には、全国にある一般廃棄物の埋立処分場はあと20.5年でいっぱいになり、産業廃棄物の埋立処分場はあと17年でいっぱいになると予測されています[*1]。

*1 環境省「一般廃棄物の排出及び処理状況等(平成28年度)について」、「産業廃棄物の排出及び処理状況等(平成28年度)について」

ごみを処理して地球をよごす!?

日本では、家や事務所などから出る一般廃棄物の約76%が焼却されています[*1]。燃やすことで、ごみのかさが小さくなり、限りある埋立処分場をより長く使うことができます。また、高温で焼却することは、感染症をふせぐなど衛生面でも良い点があります。

ただし、ごみを焼却するときに二酸化炭素が出ます。そして、埋められるごみからは、地球温暖化の原因の1つといわれるメタンなどが出ます。

さらに、埋立処分場に雨がふると、ごみの中に水がしみこみ、汚水となって流れ出ていきます。その汚水をきれいにするときに、メタンや一酸化二窒素などの温室効果ガスが出ます。

ごみを集めて運ぶときにも、二酸化炭素（CO_2）などが出ていて、ごみを集めて処理するまで、さまざまな段階で汚染物質や温室効果ガスが発生している。

タイのごみ最終処分場。オープンダンプでは、大地や地下水の汚染やごみの飛散、ごみから発生したメタンや水素などによる火災などにより、周辺の人びとの健康に悪影響をあたえている。

世界中にあふれるごみ

年間に約2億3805万トン（2015年）と世界でもっとも多くのごみを出しているアメリカでは、ごみの約13%が焼却され、約52%が埋められています。また、ヨーロッパ連合（EU）の国ぐにでは、環境汚染や地球温暖化をふせぐために、ごみの埋め立てを約29%に、焼却を約27%におさえ、多くはリサイクル品や肥料などにして再利用しています[*2]。

こうした経済的に豊かな国ぐにとはちがって、発展途上国では、ごみが管理されずに、街中に捨てられているところもあります。最終処分場があっても、ただ積み重ねられているだけのところもあります。こうしたごみの捨て方を「オープンダンプ」といい、ごみから出るガスが燃えて有害な物質が出たり、汚水がしみ出したりして、地球環境だけでなく、まわりにすむ人びとの健康にも影響をおよぼしています。

フィリピンの首都マニラにある、貧しい人びとがすむ港。以前は、放置していれば自然に分解されていたごみも、プラスチックなどが増えたことで分解されにくくなり、ごみがあふれて、海に流れ出ている。

*2 経済協力開発機構（OECD）資料 "Municipal waste"

海に流れ出たごみ

街中でポイ捨てされるごみ、川や海岸に捨てられるごみがあります。そうしたごみは、やがて海に流れ出ていきます。いったいどこへ行くのでしょうか？

三重県の浜辺に流れ着いた漂着ごみ。こうしたごみは、プラスチック容器などの人工物と木や海藻などが混ざり合い、塩がついていて、再利用しにくい。

さまざまな海洋ごみ

海岸に流れ着いたごみや、海にただようごみ、海底にしずんだごみなどをまとめて「海洋ごみ」といいます。これらの海洋ごみは、川や海に直接捨てられたごみのほか、陸上で捨てられたごみが、風に飛ばされたり、雨で流されたりして川に入り、海に流れ出て発生する場合もあります。現在、川や海に直接、ごみを捨てることは、多くの国で禁止されているため、海洋ごみの多くは、陸上で捨てられたものと推測されています。

海洋ごみには、自然物、木材、プラスチック、金属、ガラス、陶器などがあります。日本の海岸に流れ着いたごみ（漂着ごみ）を全国10地点で調べた調査では、容積と個数がもっとも多かったのはプラスチックで、容積で48.4%、個数で65.8%を占めていました。

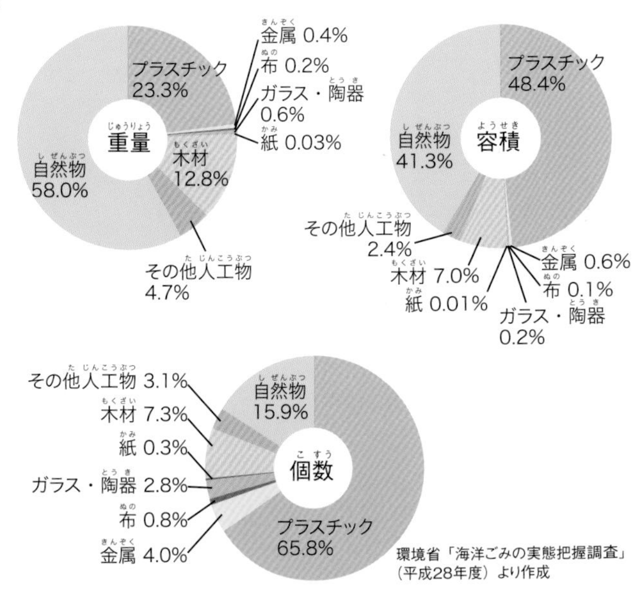

環境省「海洋ごみの実態把握調査」（平成28年度）より作成

© Rich Carey/shutterstock.com

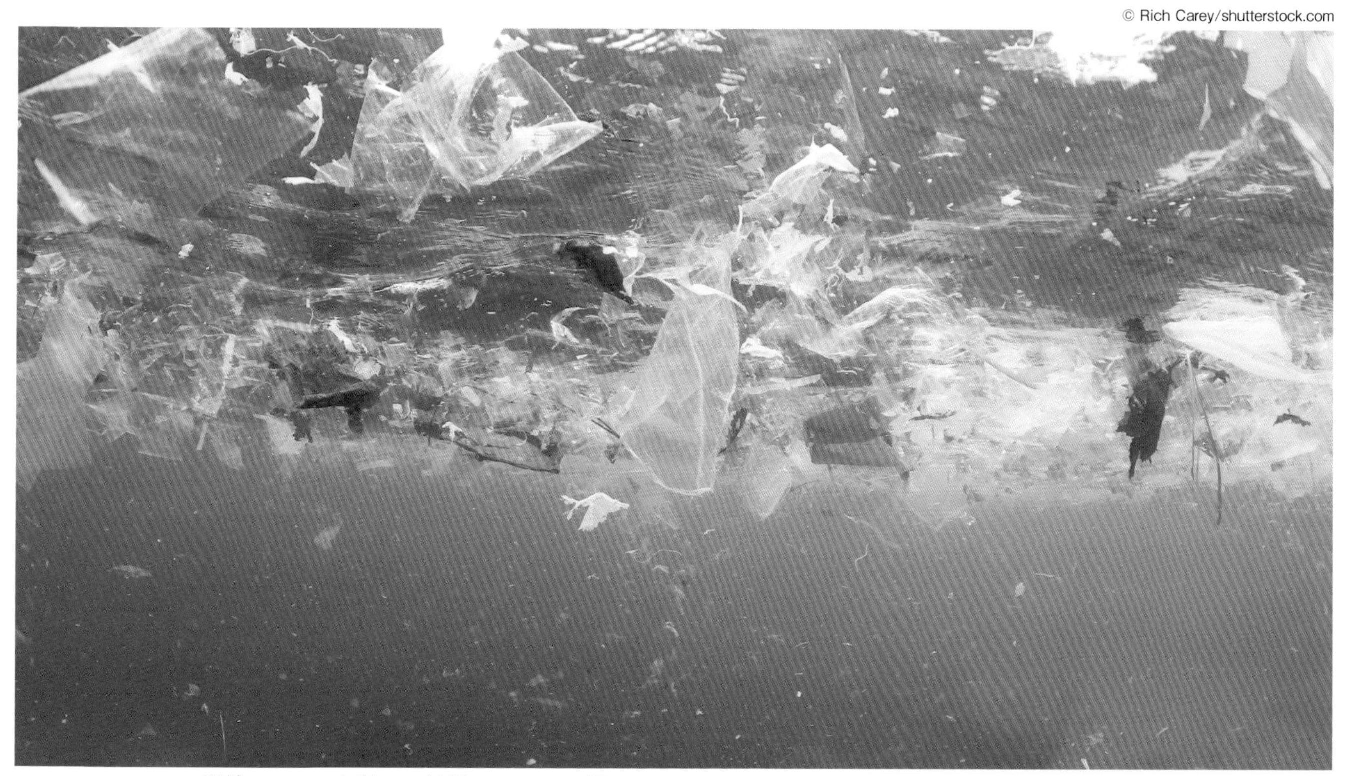

プラスチックなどの海洋ごみは、自然には分解されにくく、沖に運ばれるうちに小さくくだけていく。

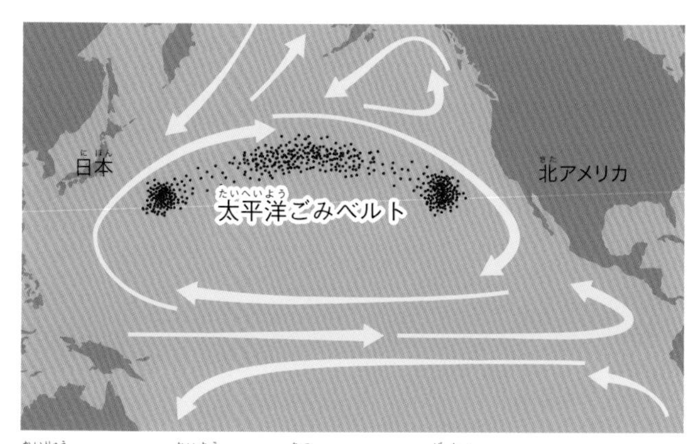

海流によって、海洋ごみが集まりやすい場所ができる。

ごみが集まる「太平洋ごみベルト」

海に流れ出たごみは、沖に流されながらだんだんと小さくなったり、海の底にしずんだりします。また、海流に乗って移動し、国境を越えてちがう国に流れ着くこともあります。日本や中国、韓国など、東アジアの国ぐにから流れ出たごみが、北太平洋のミッドウェー環礁付近に大量に集まっていて、「太平洋ごみベルト」とよばれています。太平洋ごみベルトは、日本の面積の4倍近くもあるといわれています。

大量のごみを出す災害

2011年3月11日に起こった東北地方太平洋沖地震とそれにともなう津波によって、さまざまなものが海へ流されました。このとき約480万トンが太平洋に流れ出し、そのうち約330万トンは日本沿岸に流れ着いたり、しずんだりして、残り約150万トンは漂流ごみになったと考えられています*。予測では、流れ出たごみの一部が2013年ごろ、アメリカ西海岸に接近すると考えられていましたが、実際には2012年にたどり着いていました。

© NOAA

アメリカ西海岸ワシントン州の浜辺で見つかった、日本からの漂着物。

＊ 環境省「東日本大震災により流出した災害廃棄物の総量推計結果」

人にかえってくるプラごみ

海に流れ出したごみの中でも、石油からできたプラスチックなどは、自然界に長い間残ります。それを、魚や鳥などの生き物が食べているのです。人への影響はないのでしょうか？

アメリカの国立自然保護区に指定されている北西ハワイ諸島にあるレイサン島の浜辺に流れ着いた海洋ごみ。

自然にかえらないプラスチック

世界でつくられるプラスチックは、年間約４億トンで、そのほとんどが使い捨ての包装や容器に使われています。そして、全世界で使われたプラスチックの約79%は、リサイクルや焼却されずに埋め立てられています*1。しかし、これには、ごみとして回収されず、勝手に捨てられたごみなどは入っていません。そのため、川や海に流れこむプラスチックごみは、毎年約1300万トンにもなると考えられています*1。さらに、プラスチックなどは紙や木材などとちがって、微生物などによって分解されません。

2050年には、プラスチックの生産量は現在の約４倍になり、やがて海洋プラスチックごみの量が海にいる魚などの総量よりも多くなると予測されています*2。

アメリカ海洋大気庁（NOAA）資料より

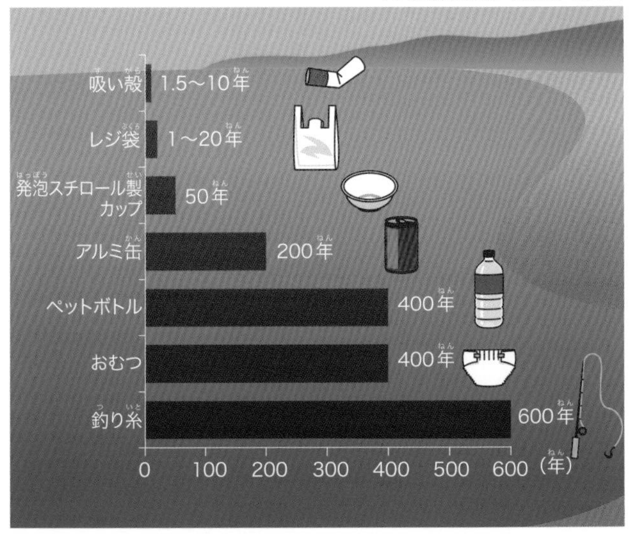

海洋ごみが完全に自然分解されるまでにかかる年数。

*1 国連環境計画「SINGLE-USE PLASTICS」（2018年）　*2 世界経済フォーラム報告書（2016年）

生き物をきずつける海洋ごみ

生き物の中には、プラスチックごみなどの人工物と、えさになる生き物を見分けられずに、まちがえて食べるものがいます。プラスチックは消化されないため、食べつづけると、胃や腸などにたまり、最終的にえさを食べられずに死ぬこともあります。また、化学繊維でできた網などにひっかかったり、からまったりして動けなくなることもあります。ほかにも、ごみが海底に堆積すると、その下にある海草などが育ちにくくなったり、海底にしずんだ生き物の死がいなどの有機物が分解されにくくなり、悪臭を出すへどろが発生したりします。

アカウミガメなどは、ビニール袋をクラゲとまちがえて食べることがある。

捨てられた漁網に引っかかったアザラシを、ダイバーがはずしている。

胃の中にプラスチックごみが残った海鳥の死がい。

マイクロプラスチックが混ざったプラスチックごみ。

マイクロビーズのつぶの入った練り歯みがき。

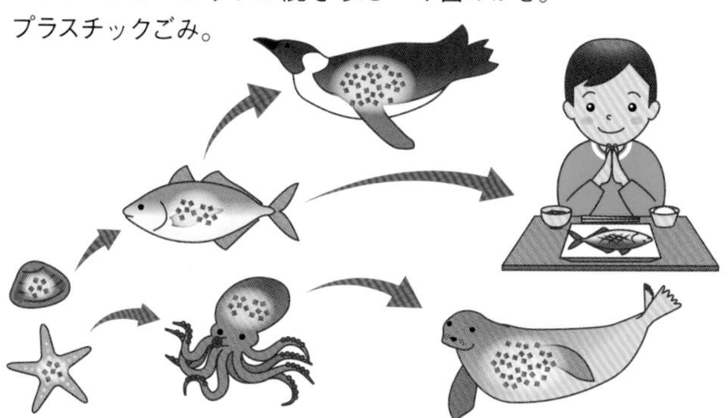

海の生態系に入りこんだプラスチックは、生き物の体の中にたまっていく。食べる・食べられるという食物連鎖の中で上位にくる生き物ほど、大量のプラスチックを体内にためこんで、有害物質も体に取りこんでいるかもしれない。

小さくなってもどってくるごみ

分解されないプラスチックは、流れてただよううちに、小さくくだかれていき、5mm以下になったものをマイクロプラスチックといいます。また、大きさが0.5mm以下のプラスチックのつぶをマイクロビーズといいます。マイクロビーズには、よごれがつきやすく、練り歯みがきや洗顔料などに使われていました。マイクロビーズが入ったものを使って流すと、排水口から下水へ、やがて海へと流れ出ていきます。そして、海でも有害物質がついてしまいます。

海の生き物が、小さなプラスチックを食べると、消化されずに体の中に残ります。そして、食物連鎖によって、それを食べる生き物の体にたまっていきます。まだ、どのような影響が出るかわかっていませんが、東京湾でとれたイワシの内臓からも、マイクロプラスチックが見つかっています。わたしたちも、知らないうちにそれらを食べているかもしれません。

ごみは資源になる

たくさん出るごみも、プラスチックや古紙、缶やびんなど種類ごとに分けてリサイクルすれば、ふたたび資源になります。しかし、分別しなければ、それらはたんなるごみにすぎません。

ごみは分別すれば資源になる

日本では、ごみは、市区町村などが決めた種類に分けられます。大まかには、燃えるごみ（可燃ごみ）、燃えないごみ（不燃ごみ）、粗大ごみの3つです。これらのごみは、そのまま処理されると、二酸化炭素や有害物質を出すだけで、環境に負荷しかあたえません。しかし、まだ材料として使えるごみもあります。そうしたものは資源ごみとよばれ、新聞紙や雑誌、ダンボールなどの古紙、ペットボトル、プラスチック、びん、スチール缶、アルミ缶などがあります。それらは、分別回収され、専門の業者によって、新しく生まれ変わっています。

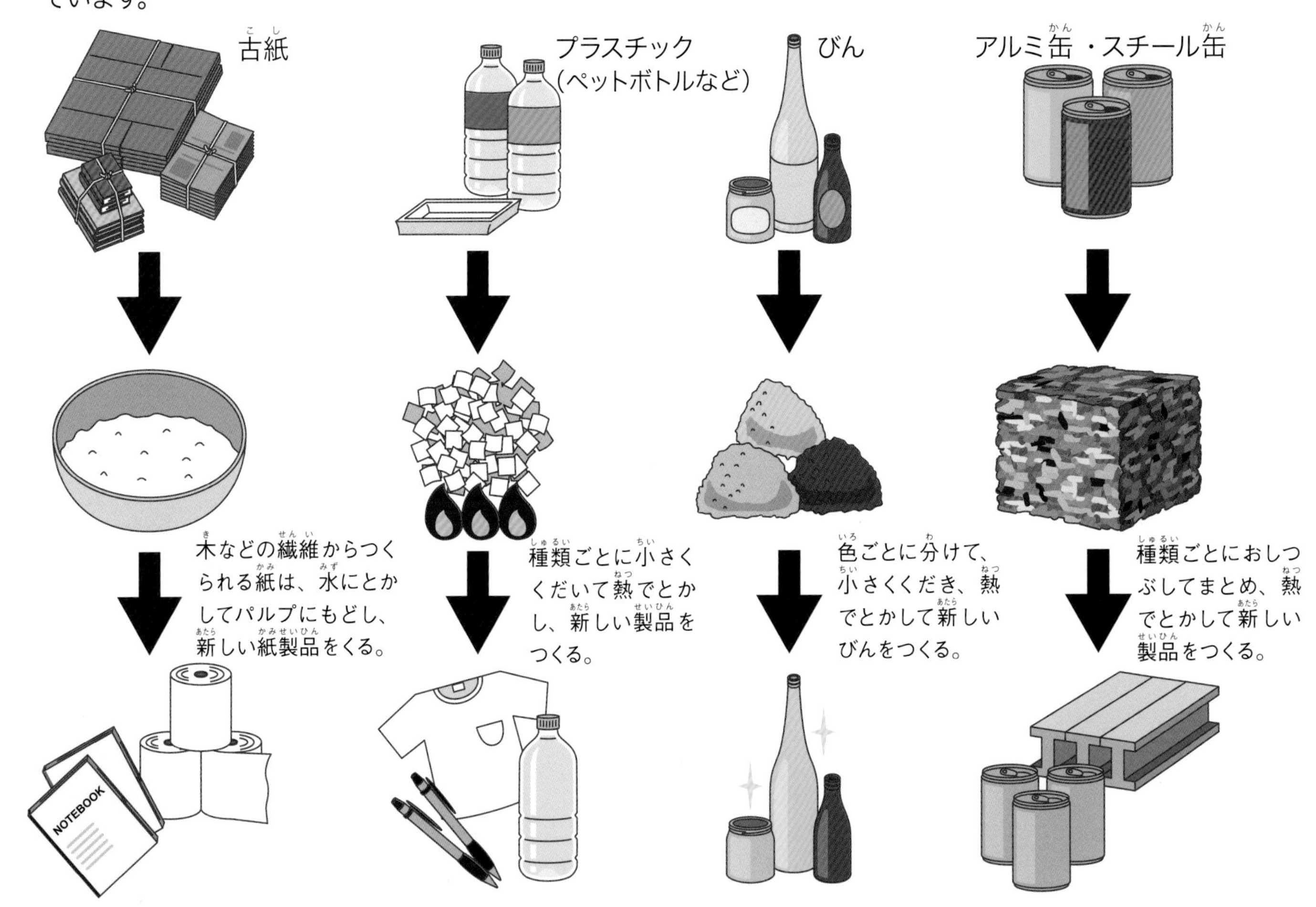

つくるときから資源化を考える

わたしたちの身のまわりに、完全に分別できるものはどれだけあるでしょうか。

ゲーム機やゲームソフトなどには、ガラスのディスプレイやプラスチック、金属など、さまざまな材料が使われていて、捨てるときにかんたんには分別できません。ぬいぐるみは、ほとんどは可燃ごみとして捨てられますが、電池で動いたり鳴き声を出したりするものは、不燃ごみになります。

使う側が分別したくても、分別が難しいものがたくさんあります。これらを解決するために、そうしたものをつくる会社（メーカー）が、使い終わって捨てるときのことも考える必要があります。ちゃんと分別できれば資源になりますが、分別できなければ燃やされる（焼却処分）か、不燃ごみとして埋め立てられるだけです。

ごみでくらす人びと

日本では、家や事務所から出るごみの分別は、それぞれの家などで行います。しかし、アメリカやカナダなどでは、ごみはほとんど分別せずに出し、集めたあとにごみ処理施設の職員などが分別することがほとんどです。

また、ごみ処理のしくみが整っていない国では、ごみ拾い（ウェイストピッカー）とよばれる人が、廃棄物処分場などにすみつき、びんや缶などのお金に換えられるごみを集めて売っています。こうした、非公式な方法での分別は、リサイクルとして一定の役割をはたしていますが、汚染された環境の中で働いたり、くらしたりする人びとの健康が心配されています。

中国河南省鄭州市のリサイクルステーションの廃ペットボトルの山と、そこで働く人（2010年）。中国では、2017年まで、よごれが残るペットボトルも受け入れていた。人にかかるお金（人件費）が安く、ラベルをはがしたり、色ごとに分けたりするなどの分別を仕事にする人たちがいた。

ごみを他国におしつけている

日本をふくむ先進国は、ごみ処理にかける費用をより安くするため、ごみなどをほかの国へ輸出することがあります。知らないうちに、ごみをほかの国へおしつけているかもしれません。

日本で使われたものが海外に!?

日本ではごみとして捨てられるものでも、輸出されて、海外で使われることがあります。自動車やタイヤ、家電やゲーム機、自転車や衣服などです。おもに発展途上国へ輸出され、日本の中古品として安い価格で売られています。

2016年度の調査では、エアコン、テレビ、冷蔵庫・冷凍庫、洗濯機・乾燥機という家電４品目で、家庭・事業所から出された約1836万台の処分品のうち、約99万台が中古品として海外に輸出され、約541万台がスクラップ業者により分解されて部品などとして輸出されました。合わせると、約35％が海外に輸出されています*。

＊経済産業省「家電リサイクル制度について」（平成30年）

無料で廃品回収される廃棄物などの一部が、海外に中古品として輸出されている。

パソコンは、使用済みなど約1289万台のうち、約215万台が中古品として、約308万台が部品などとして輸出されている（2014年度）。

© CHALERMPHON SRISANG/shutterstock.com

タイで販売される日本の中古車。2015年度には、使い終わって国内でリサイクルされた自動車が約316万台、中古品として海外に輸出された車は約154万台もあった。使い終わった車のうち、約33％が輸出されている。

正しくない方法で捨てられるごみ

現在の日本では、ごみをふたたび資源とするために、家電や自動車、容器や食品、建築資材などのリサイクルを法律で義務づけています。法律によって、ごみを出す人（消費者）や売る人（小売業者）、つくる企業（製造者）が、回収やリサイクル業務について、お金を支払う必要があります。また、産業廃棄物についても、製造者がお金を負担して処理することが法律で決められています。しかし、そうしたお金を負担したくない人たちの中には、不法投棄といって勝手に人気のない場所などにごみを捨てたり、不法輸出といってまだ法律がない発展途上国などにごみを輸出したりする人もいます。

再生資源の輸出量の内訳（2016年）

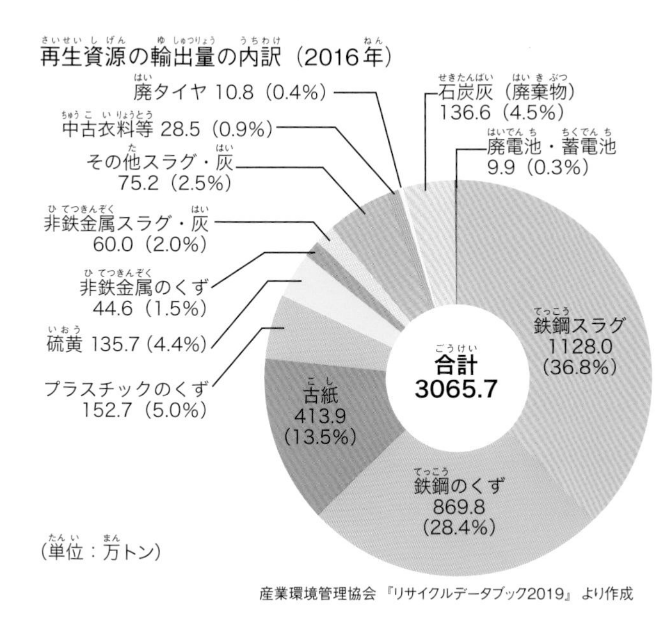

産業環境管理協会『リサイクルデータブック2019』より作成

日本は、再生資源を年間約3000万トン以上も輸出している。2016年には中国へ、廃プラスチックの約5割、古紙の約7割を輸出していた。

ごみを輸出する!?

使用済みの物品や製品の製造・加工、建設工事などで生じる副産物のうち、有用なもので、原材料として利用できるもの、またはその可能性があるものを「再生資源」といいます。日本もふくめた先進国は、処理費用が国内より安く、環境基準などがゆるい国に再生資源を輸出しています。輸入した国では、使える部分だけを利用して、それ以外の部分をきちんと処理せずに捨てることもあります。

中国や東南アジアの国ぐには、日本やアメリカ、イギリスなどから大量の再生資源を輸入していました。しかし、中国は、環境や国民の健康に悪影響があるとして、2017年12月に廃プラスチック（プラスチックのくず）などの輸入を禁止しました。ほかの東南アジアの国ぐにも、現在は廃プラスチックの輸入禁止や、輸入する量の制限を行っています。

家庭から出る使用済みペットボトルは、中をすすいでよごれを落としたり、ラベルやキャップを取ったりして捨てられることが多く、国内でもリサイクルされる。一方、自動販売機の横や駅のごみ箱などに捨てられるものは、中身が残っていたり、缶やびん、その他のごみと混ざっていることも多く、リサイクルに手間がかかる。そのため、人件費が安く、処理費用が少なくてすむ海外へ輸出されやすい。

先進国の中には、廃プラスチックの輸入禁止や制限によって、輸出先を失い、国内のリサイクル業者も不足しているために、ペットボトルごみが山積みになっている国もある。

3 章（しょう）

どんなことができるんだろう？

ごみをつくらないために

たくさんのごみは、地球環境と、そこでくらす人をふくむ生き物にも大きな影響をあたえます。どうすれば、ごみを減らすことができるでしょうか？

たくさんの「R」

ごみを減らすためのキーワードに「3R」があります。これは、Reduce（減らす）、Reuse（くり返し使う）、Recycle（再生利用する）という言葉の頭文字です。ごみの量を減らすために、使い捨てではないものを買う、それをくり返し使う、そして、使い終わったら、分別して資源ごみにする。そうすることで、ふたたび原材料や燃料として使うことができ、ごみを減らすことができます。

さらに最近では、「3R」だけでなく、よけいなものはもらったり買ったりしないRefuse（断る）、こわれたものを直して使いつづけるRepair（修理する）、買うのではなく、必要なときに借りるRental（賃借する）の「R」もごみを減らすためのキーワードとされています。

「3R」のなかでは、ごみのもとになる資源を使うのを減らすReduceがもっとも重要で、その次に長く使えるものを買い、何度も使うReuseが大事だとされる。

つくる側が考えるべきこと

店では、さまざまな商品が売られていますが、商品をつくる人たち（生産者）も、ごみを減らす方法を考える必要があります。それは、商品をつくる途中で出る産業廃棄物のことだけではありません。使う人（消費者）がごみにしないようなくふう、社会全体としてごみが出ないようなくふうです。

たとえば、売れ残った商品がごみになるのをふせぐためには、商品をつくりすぎないことが大切です。ごみになることが多い過剰な包装をしないことも必要です。また、長い間使う商品なら、修理しやすい商品設計にして、修理する部品だけを売るのも1つの方法です。さらに、つくった会社（メーカー）などが、使用済みの自社商品を積極的に回収して、ふたたび使えるようにするという取り組みも考えられます。

使う側が考えること

使う側でも、使いきれない、食べきれない量は買わないようにしたり、過剰に包装されたものを選ばないようにしたりすることで、ごみを減らすことができます。消費者が、過剰包装されていない商品を好んで買うようになれば、メーカーもそうした商品を多くつくるようになるでしょう。

また、買い物に行ったときに、過剰な包装やレジ袋を断ることで、ごみになるものを家に入れないようにすることができます。さらに、それほど使わない商品であれば、買うのではなくレンタルするという方法もあります。自分が使うときだけ借りるようにすれば、捨てるものが減ります。

一人でもできること

ごみを減らして、未来につながる持続可能な社会をつくっていくために、わたしたちは、どんなことに気をつけるべきでしょうか。また、どんなことができるでしょうか？

ごみを減らす行動

ものを１回使っただけで捨ててしまうのは、それがつくられるときに使われたさまざまな資源をむだにすることになります。できるだけ、ものを長く使うことで、未来の人たちが使う資源を増やすことにつながります。

マイバッグを使う

買い物をしたら、よけいな包装やレジ袋は断って、自分のかばん（マイバッグ）に入れる。マイバッグも資源からつくられているので、なるべく長い間使おう。

マイはしやマイボトルを使う

使い捨てになるものは、なるべく使わないようにする。割りばしやペットボトルではなく、洗って何度も使えるはしやボトルを使えば、ごみを減らすことができる。

ものを最後まで使いきる

練り歯みがきは最後まで使いきろう。短くなったえんぴつは、えんぴつホルダーなどを使えば、使いきることができる。

食べ物を残さない

家や店で食事をするとき、なるべく食べ物を残さないようにしよう。店などでは、一度人に出した食べ物は捨ててしまうため、自分が食べられる量をたのむようにしよう。

分別して捨てよう

ごみは分別することで、資源として、新しくつくるものの原料となる。地球上の資源を使いすぎないために、今あるものを捨てるときは、なるべく分別してリサイクルしよう。

選ぶ目安になるマーク

使い終わったものは、ただ捨てるのではなく、できるだけリサイクルすることが大切です。最近は、資源ごみでつくられたリサイクル製品や、つくられるときに地球環境への負荷が少ないエコ製品を選べるように、マークがつけられています。エコ製品やリサイクル製品を選ぶことは、ごみを減らし、持続可能な社会をつくることにつながっていきます。

リサイクル製品に関するマーク

捨てるものをふたたび資源に（リサイクル）して、つくられたものであることを示す。

Rマーク（再生紙使用マーク）

再生紙で、古紙パルプを何%配合しているかを示す。

PETボトルリサイクル推奨マーク*

ペットボトルを再利用して、基準を満たした製品。

リターナブルびんマーク

規格を統一した、何度もくり返し使うことのできるガラスびん。

グリーンマーク

古紙を原料にした紙製品であることを示す。

牛乳パック再利用マーク

使用済み牛乳パックを原料としてつくられた製品につけられる。

エコ製品に関するマーク

つくるとき、運ぶとき、捨てるときなど、生産から廃棄までの全体を通して、環境への負荷が少ないことなどを示す。

森林認証プログラム

持続可能な方法で管理された森林からつくられた木材や紙製品につけられる。

非木材グリーンマーク

地球温暖化の原因となる二酸化炭素を吸収してくれる、木材ではない植物を原料にした紙製品などにつけられる。

マリン・エコラベル・ジャパン（MEL）

資源と生態系を守る取り組みを行っている漁業・養殖業、流通・加工業を認証する。

MSC海のエコラベル

持続可能で環境に配慮した漁業でとられた天然の水産物につけられる。

エコリーフ環境ラベル

資源採取から製造、物流、使用、廃棄、リサイクルまでの全ライフサイクルで環境情報を開示する製品につけられる。

エコレールマーク

環境への負荷が少ない貨物鉄道を一定の割合以上使って運ばれる商品などにつけられる。

バイオマスマーク

生物から得られる資源（バイオマス）を使ってつくられ、品質や安全性が基準に合った商品につけられる。

グリーン・エネルギー・マーク

つくられるときに環境への負荷が少ないグリーン電力が使われている商品につけられる。

カーボンフットプリントマーク

製品がその一生のうちに排出する温室効果ガスを二酸化炭素に換算した量を表示する。

エコマーク

生産から廃棄までのライフサイクル全体を通して、環境への負荷が少なく、環境保全に役立つ商品であることを示す。

間伐材マーク

森林でほかの木を成長させるために間引く間伐材を使った製品であることを示す。

* ペットボトルのPETは、石油を材料としたPoly Ethylene Terephthalateの頭文字。

家庭でできること

ごみを減らして、未来につながる持続可能な社会をつくっていくために、家庭ではどんなことができるでしょうか？

自分たちが使う量を知ろう

消費期限や賞味期限がある食べ物などは、その期限までに使いきれて、あまらせないように考えて買うようにしましょう。まだ食べられるのに捨てられている食べ物を「食品ロス」（→51ページ）といいますが、家庭からは毎日約41gの食品ロスが出ています*。使いきれる量だけを買うために、ふだん自分たちがどのくらいの量を使っているのかを考えてみましょう。

消費期限や賞味期限が切れたり、カビたりして、封を切らずにそのまま捨てられる直接廃棄といわれる食品ロスもある。家庭から出る食品ロスの約18%が直接廃棄である。

ごみを資源にしよう

ごみを分別する基準は、すんでいる市区町村（自治体）によってちがいます。燃えるごみ（可燃ごみ）と燃えないごみ（不燃ごみ）、空き缶や空きびんなどは、どこの自治体でも同じですが、細かく分けるように決めている自治体もあります。自分がすんでいる市区町村のごみの分け方を調べてみてください。

東京23区では、焼却施設の性能が高くなり、プラスチックごみも可燃ごみとして出せるところが増えている。しかし、ペットボトルやトレイなど分別しやすいものは資源ごみとして、リサイクルが比較的進んでいる。そのほかのプラスチック類には、リサイクルが難しいものも多い。

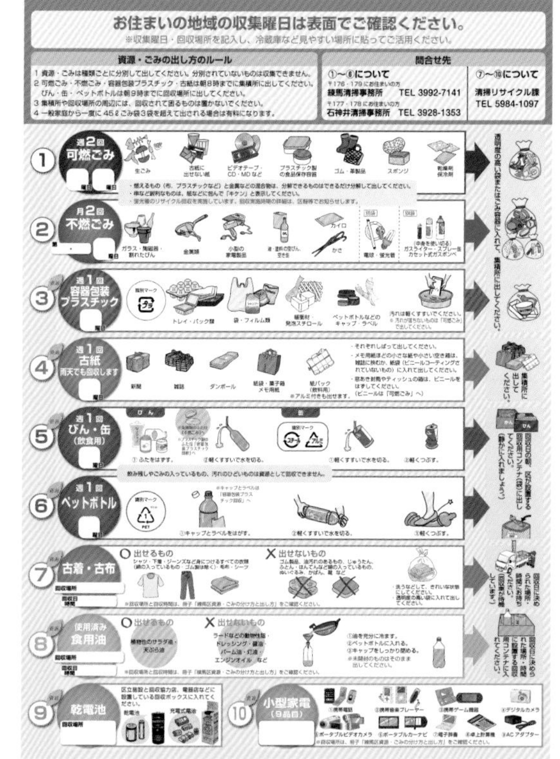

練馬区のごみ分別表。東京23区の中でも、練馬区は資源ごみの種類が多く、容器包装プラスチック、古紙、飲食用のびん・缶、ペットボトル、古着・古布、使用済み食用油、乾電池、携帯電話や電卓、デジカメなどの小型家電の回収が行われている。

* 農林水産省「食品ロス統計調査・世帯調査」（平成26年度）

リサイクル日本一の町

鹿児島県の大崎町は、2006年から12年連続で、ごみリサイクル率日本一をほこる、リサイクル日本一の町です。現在、びん・缶・ペットボトル・紙・プラスチックだけでなく、乾電池や古着、廃油、生ごみなど、27品目もの分別を行っており、リサイクル率は80％以上です。

もともと大崎町と、そのとなりの志布志市には、ごみ焼却場がなく、埋立処分場をいっしょに使っていました。その処分場をできるだけ長く使うために、志布志市でも27品目の細かい分別とリサイクルによって、ごみを減らしています。さらに、現在、埋められている使用済みのオムツもリサイクルができないか、実験が行われています。

また、大崎町や志布志市では、リサイクル関連の会社やリサイクル施設ができることで、人が働く場所も新たに生み出されています。

大崎町と志布志市が使っている埋立処分場。つくられたころは15年でいっぱいになると考えられていたが、ごみを細かく分別することで、現在では40〜50年はもつと考えられている。

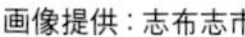

画像提供：志布志市

志布志市では、オムツをつくる会社やリサイクルセンターと協力し、使用済みオムツを分別して収集し、オムツの原料にリサイクルしようとしている。

大崎町のリサイクルセンターでは、40人の職員で、近くの市町村も合わせて10万人分の資源ごみを取りあつかっている。

大崎町の約150か所のごみ収集場には、住民のボランティアなどがいて、分別回収に協力している。

◆画像提供：大崎町

菜の花からはじまる循環型社会!?

大崎町は、かつて下水や下水処理施設が整備されていなかったため、家庭から出る天ぷら油が川をよごしていました。そこで、使い終わった油を捨てずに回収するようにし、それを肥料などにリサイクルして、菜の花畑をつくったのです。菜の花畑は、春になれば人をよぶ観光資源となり、菜の花の種からは菜種油がとれます。できた油は、学校給食や家庭の食事などにも使われ、使用済みの油はまた回収され、ごみ収集車などの燃料に再利用されます。この取り組みは、ごみを減らし、リサイクルするだけでなく、それによって新しい仕事もつくりだす、循環型社会の1つのモデルとなっています。

みんなで集まってできること

ごみを減らしたり、ごみを資源に変えたり……。未来へつながる持続可能な社会をつくっていくために、まわりの人たちと協力すると、どんなことができるでしょうか？

スポGOMIは、スポーツと社会奉仕を融合させた活動。子ども目線で参加しやすいように、吸いがらなどの得点が高くなっている。

ごみ拾いをスポーツに!?

「スポGOMI」という日本で生まれた新しいスポーツが広がっています。これは、これまで行われていたごみ拾いに、「スポーツ」の要素を加え、社会奉仕活動を「競技」に変えたものです。あらかじめ決められた地域で、制限時間内にごみを拾い、ごみの量と質をポイントにし、チームごとに点数を競います。大人も子どもも、車いすの人も参加でき、学校などの集まりだけでなく、企業や自治体など、地域の人びと全体で協力して取り組むことができます。

街がきれいになるという目に見える変化のほかに、地域の人たちとのつながりを感じたり、楽しみながらごみの分別や、自然環境の汚染について学んだりすることができます。2008年にはじまってから、だんだんと開催数が増え、2018年には107大会が開かれ、1万2988人が参加しました。最近では国境を越えて、ロシア、ミャンマー、韓国、アメリカなど海外でも大会が開かれています。

ごみを拾ったあとは、ごみの種類を調べて、重さをはかり、点数をつけていく。ごみの分別によっても点数が加算される。

1チームは3～5人で、審判やチームのリーダーが安全に行われているかどうかを見る。チームの仲間は先頭から最後尾まで10m以上はなれない、街で行うときは走らない、といったルールがある。

画像提供：日本スポGOMI連盟

シェア&レンタル

1つのものをみんなで共有するのがシェア、使いたいものを、持っている人などから借りるのがレンタルです。シェアは、たくさんの人が1人1つずつ同じものを所有するのではなく、1つのものを順番や時間を決めてたくさんの人で使います。レンタルは、使う期間が短く、買ってもすぐに使わなくなるものなどを、持っている人や会社から借りて、自分が必要なときだけ使います。中古品を買う(リユース)のと同じように、使う人を変えながら、同じものを何度も使うことで、最終的に出るごみを減らす(リデュース)ことができます。

コミュニティサイクルは、観光地などで自転車をレンタルするレンタサイクルとちがって、ある地域の中で、ポートやステーションという自転車置き場をいくつかつくり、利用する人が必要なときに、そこで自転車を借りるしくみ。目的地の近くの置き場に返すことができる。

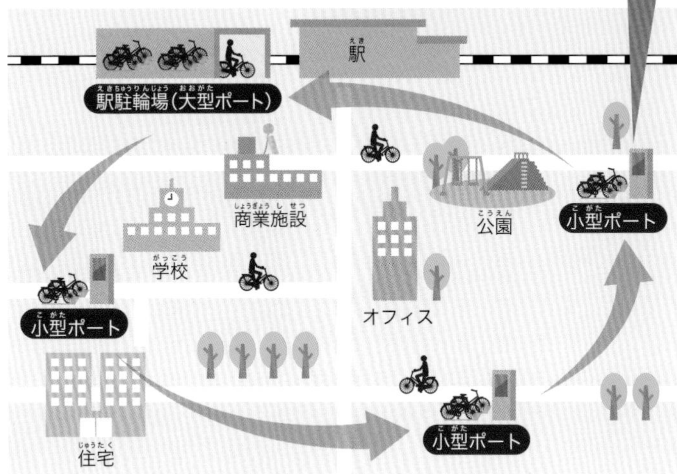

レンタルサービスには、使う期間が短いベビー用品や、成人式や卒業式で着る着物、旅行かばんなど、さまざまなものがある。

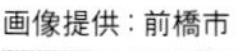
画像提供:前橋市

前橋市リユース宝市では、「私にとっては不用でも、誰かにとっては宝物」がテーマになっている。

飯田市の桐林リサイクルセンターは、可燃ごみの減量のためにつくられたので、燃えるものだけをあつかっている。

画像提供:南信州広域連合 桐林リサイクルセンター

リユースでごみにしない!

ごみを減らし、資源をむだにしないために、多くの自治体が、リユースを進めています。

神奈川県秦野市では、いらなくなったものを必要とする人に紹介する不用品交換制度をつくっています。家具、家電製品、自転車、台所用品、ベビー用品などの生活用品のうち、ゆずりたいものや、ゆずってほしいものを市に登録し、状態や価格が条件に合えば、当人同士で取引します。

群馬県前橋市では、「リユース宝市」というイベントを行い、まだ使えるけれど使わないものを持ってきてもらい、集まったものを無料で交換するなどしています。

また、長野県の飯田市と周辺の町村では、住民に持ちこんでもらった、まだ使える家具や雑貨、衣類や本などを飯田市の桐林リサイクルセンターに展示し、センターに来た人が10点まで無料で持ち帰ることができるようにしています。

新しいものをつくる

より良い世界を目指して、できるだけごみが出ないようにしたり、ごみを少なくしたりするために、これまでとはちがった新しい技術や発想でものをつくっている人たちや会社があります。

残らないプラスチックをつくる

プラスチックは、軽くてじょうぶで、成形しやすく、便利なものですが、そのまま捨てられると自然界では分解されにくいため、小さくくだけても、長い間残ってしまいます。そこで注目されているのが「生分解性プラスチック」で、「グリーンプラ」ともよばれます。このプラスチックは、微生物のはたらきにより、木や木綿などと同じように、最終的には水と二酸化炭素にまで分解されます。

さらに、使われたあとに分解されるかどうかに関係なく、プラスチックをつくる原料に石油ではなく、植物などの生き物を使用する「バイオマスプラスチック」もつくられています。生分解性プラスチックとバイオマスプラスチックを合わせて、「バイオプラスチック」ともいいます。

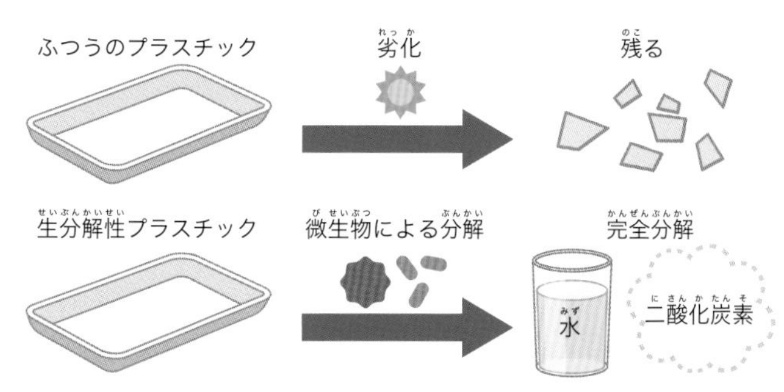

画像提供：日本バイオプラスチック協会

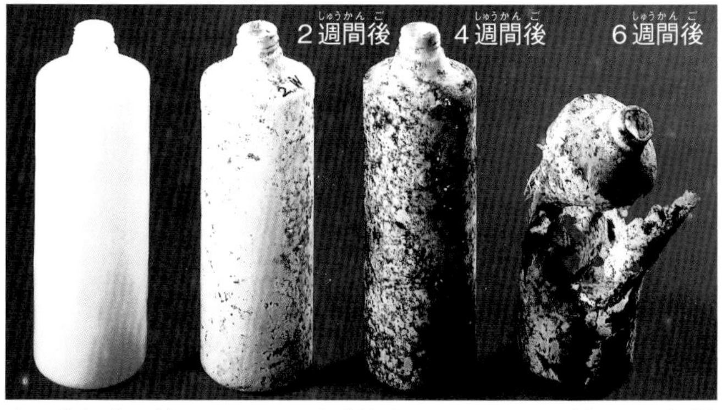

落ち葉堆肥の中に入れられた生分解性プラスチック。生ごみを処分するコンポストなどに入れると、分解される。また、ふつうのプラスチックだと有害なガスなどが出る低い温度で焼却しても、有害なガスが出ない。

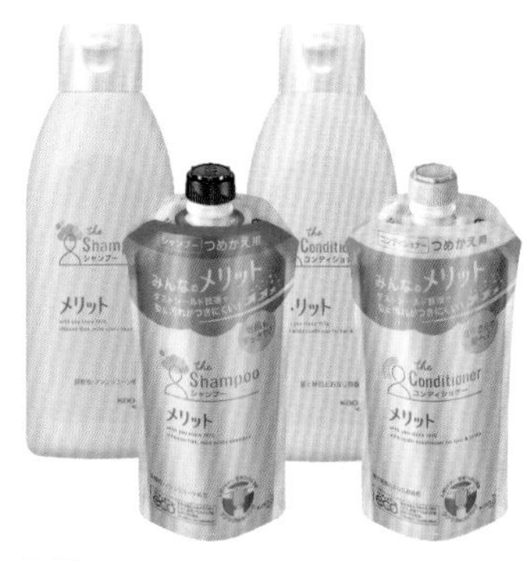

植物からつくられたポリエチレンが使われた容器。

一部にリサイクルされたプラスチックが使われている。

※

ブリスターパックの包装（上）とシュリンクフィルムの包装（右）。

洗剤の成分を濃く（性能をよく）して、容器を小さくする。

※以外 画像提供：花王

プラスチック容器を変えていく

現在、プラスチック容器のもとになる材料を石油から植物に変えたり、リサイクルされたプラスチックを使ったりするメーカーが増えています。さらに、家庭から出るごみの多くを占めるプラスチックを減らすため、包装や容器をうすくしたり、製品の性能をよくすることで量を減らし、容器そのものを小さくしたりして、使うプラスチックの量を減らそうとしています。

また、ブリスターパックという、かたくて透明なプラスチックと台紙を使った包装から、うすくてやわらかいシュリンクフィルムと台紙を使った包装に変えることで、使うプラスチックの量を減らしています。

バナナでつくるプラスチック!?

トルコのイスタンブールのエリフ・ビルギンさんは、マンゴーの皮や食べ残しなどの食品廃棄物にふくまれるでんぷんなどから、バイオプラスチックをつくることができることを知り、ただ捨てられるだけのバナナの皮でも同じことができないかと考えました。そして、2年をかけて研究し、16歳のときにバナナの皮から環境にやさしいバイオプラスチックをつくることに成功したのです。

新しい化学繊維!?

化学繊維には、石油などからつくられる、ポリエステルやアクリル、ナイロンなどの合成繊維があります。これらの繊維はプラスチックと同じように、小さくなっても自然には分解されませんが、木材の繊維を使ったレーヨンや綿花の小さな繊維を使ったキュプラという化学繊維は生分解性があります。最近では、トウモロコシなどのでんぷんや糖を原料にしたポリ乳酸繊維が注目を集めています。ポリ乳酸繊維は、石油由来ではないため生分解性があり、土の中に埋めると微生物によって分解されます。

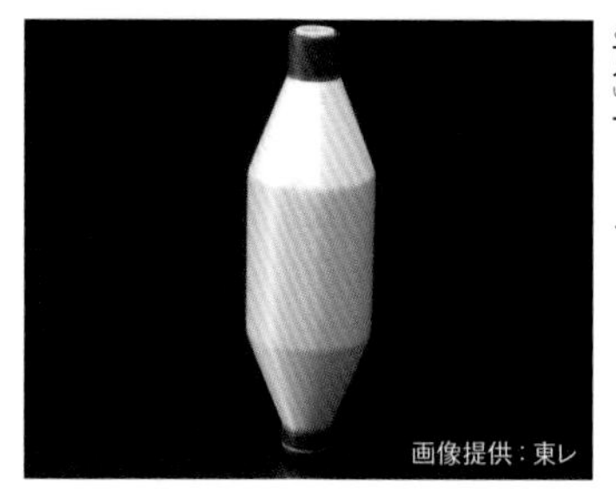

画像提供：東レ

東レの「エコディア」は、原料の一部にサトウキビから砂糖をつくるときに出る廃糖蜜を使ってつくられているポリ乳酸繊維。

画像提供：ユニチカ

植物由来のポリ乳酸からつくられた、ユニチカの「テラマック」でできたエコバッグとタオル。

画像提供：大栄環境グループ

水やお茶、コーヒーやココア、ジュースやお酒、牛乳など、さまざまな廃棄飲料からバイオエタノールをつくることができる。

廃棄物からエネルギー!?

売れ残ったジュースなどは、ふつう廃棄物として捨てられ、焼却されます。しかし、焼却すると灰などのごみが出たり、二酸化炭素も発生するため、環境への負荷が大きくなります。そこで、廃棄飲料を微生物を使って発酵させ、燃料となるバイオエタノールをつくる取り組みがはじまっています。

このバイオエタノールを、石油などと混ぜて使うことで、石油の使用量と二酸化炭素の排出量を減らすことができます。飲料だけでなく、食品や木材など、さまざまな廃棄物の削減にもつながるとして、期待されています。

新しいことをする

より良い世界を目指して、ごみを減らしたり、ごみにしないでほかのものに使ったり、役立てたりするような新しいしくみをつくりだし、実行している人たちや会社があります。

新しいペットボトルリサイクル

ペットボトル飲料をつくっているあるメーカーでは、リサイクルを行う企業と協力して、ペットボトルの新しいリサイクル技術を開発しました。これまでは、ペットボトルからペットボトルをつくるためには、使用済みのペットボトルを小さくくだいてフレーク状にし、熱して溶かしたあとに、小さなつぶ（ペレット）をつくる工程が必要でした。しかし、新しいリサイクル技術ではこの工程をなくし、直接ペットボトルの原形をつくることができます。使うエネルギーが減るため、環境への負荷が少なくなります。さらに2030年には、新たにとる石油からつくるペットボトルをゼロにし、リサイクル素材と植物からつくる素材だけを使ってペットボトルをつくる持続可能なしくみにすることを目指しています。

画像提供：サントリー

この機械は、それまで必要だった工程をなくすことで、二酸化炭素の排出量を約25%減らすことができる。

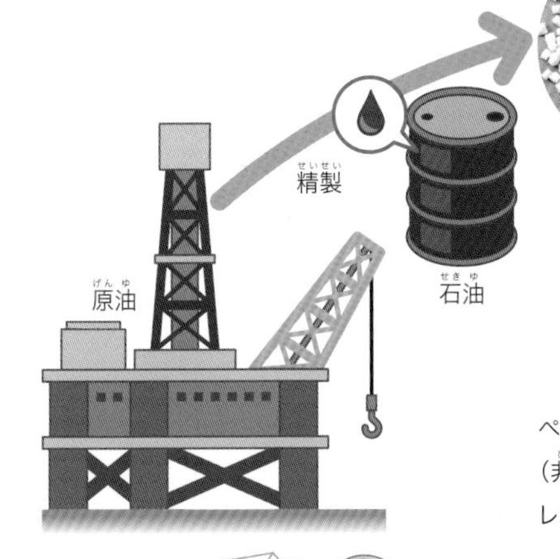

ペットボトルがつくられてからリサイクルされるまでのこれまでの流れ（→）。新しいリサイクル工場では、小さい樹脂（レジン）のつぶ（ペレット）にする工程がなく、直接ペットボトルの原形ができる（→）。

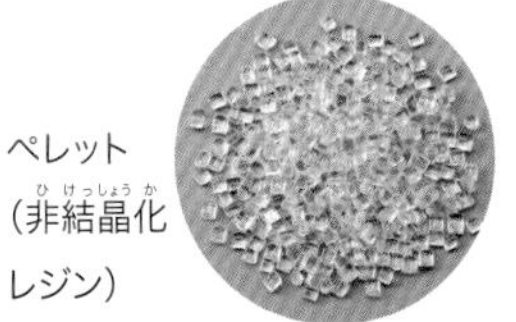

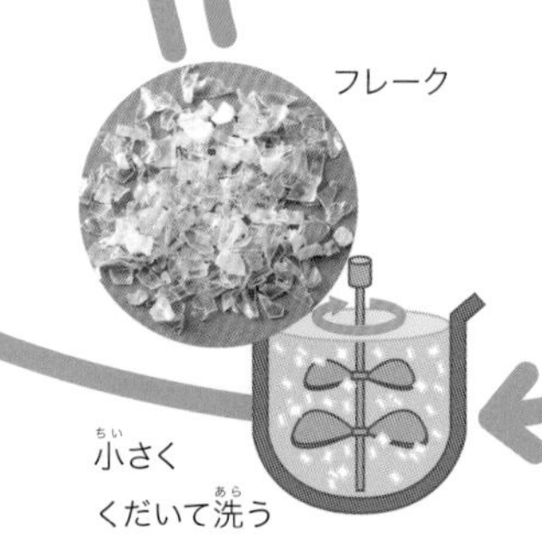

2017年度の日本のペットボトルのリサイクル率は84.8%。多くはトレイやシート、繊維になる。国内で回収されリサイクルされるペットボトルのうち、ペットボトルになるのは24.6%で、毎年新たに多くのペットボトルがつくられている*1。

*1 PETボトルリサイクル推進協議会資料

食べ物をごみにしない！

まだ食べられるのに捨てられている食べ物（食品ロス）は、工場でつくるときに出る不良品や、店の売れ残り、飲食店での食べ残し、買いすぎや賞味期限切れなどで家庭から捨てられるものなど、毎日たくさん出ています。日本では、年間約643万トンの食品ロスが出ていて、そのうち約352万トンが工場やスーパーなどの販売店、レストランなどから、残りの約291万トンが家庭から出ています*2。

こうした食品ロスの中で、工場や販売店などから品質には問題のない規格外などの食品を集めて、食べ物がなくて困っている人たちや施設に無料で提供する「フードバンク」という活動が広がっています。また、店などから捨てられる前に、消費期限がせまった食品を安く購入できる情報を入手できるアプリもつくられています。

ラベルがまちがっていたり、包装にきずがついたりした加工食品、規格外（決められた大きさから外れたもの）の野菜などが企業や農家などからフードバンクに寄付される。

画像提供：セカンドハーベスト・ジャパン

画像提供：セカンドハーベスト京都

家庭であまっている食べ物を学校や職場などに持ちより、それらをまとめて地域の福祉団体や施設、フードバンクなどに寄付するフードドライブという活動も行われている。

アプリ「No Food Loss」では、スマートフォンなどで近くの店で捨てられる予定の食品などを安く買えるクーポンが手に入る。

画像提供：みなとく

ごみを集めるしくみをつくる人たち

西アフリカのナイジェリアでは、人口が増えて処理が追いつかず、ごみが路上や街中にあふれ、その地域にすむ人びとの健康を害していました。そこで、若者たちが集まり、ごみ問題を解決するスマートフォンのアプリを開発したのです。このアプリはだれでも利用でき、少しのお金をはらえば二酸化炭素を出さないカートなどをよんで、ごみを回収してもらえます。こうして、ごみを減らしながら、仕事のない人たちに仕事をつくることができました。

さらに、ナイジェリアのラゴスという都市には、貧しい住民が多く、ごみがあふれる地区がありました。アフリカンクリーンアップイニシアチブとウィサイクラーズという団体は、子どもが学校に行くための費用の一部を、お金ではなくプラスチックごみではらえるしくみをつくりました。

*2 農林水産省「食品廃棄物等の発生量」（平成28年度推計）

みんなによびかける

SDGsでは、個人一人ひとりが重要な役割をになっています。より多くの人にごみを減らす行動をしてもらえるように、多くの人によびかける活動が広がっています。

もらわない！ No！ レジ袋

買い物のときにもらうレジ袋は、ほとんどが石油からできたポリエチレン製の袋です。レジ袋の正確な生産量や輸入量はわかっていませんが、国内では年間およそ300億〜500億枚使われていると考えられています*1。レジ袋はごみの全体量から見ると多くはありませんが、レジ袋をことわることは、だれでもいますぐにできる、ごみを減らす方法の1つです。１枚で約62gの二酸化炭素を減らせるといいます*2。

多くの自治体や店で、レジ袋の有料化を進めたり、レジ袋を使わず、マイバッグを使うようよびかけたりしています。

日本フランチャイズチェーン協会とそこに加盟するコンビニエンスストアなどでは、お客に声をかけて、積極的にレジ袋を減らそうとしている。

高知県では、「男も（女も）持つぞ！ マイバッグキャンペーン」で、男女関係なく、レジ袋を減らすことをよびかけ、地球温暖化対策に関心をもってもらおうとしている。

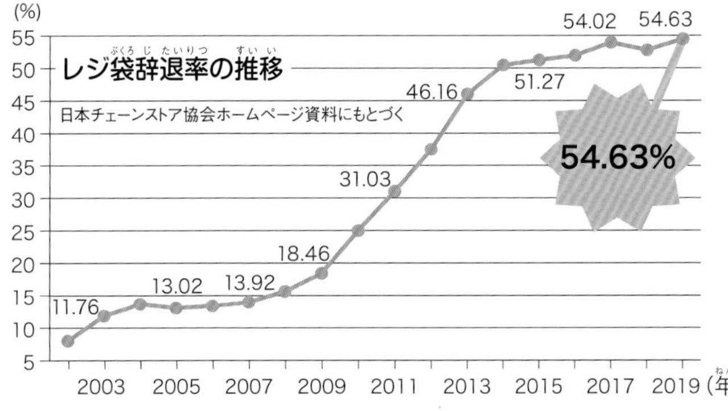

スーパーなどが加盟する日本チェーンストア協会では、「No！ レジ袋！」をよびかけており、だんだんとレジ袋を断る人が増えている。

子どもがはじめたキャンペーン!?

インドネシアのバリ島では、１日に約680m³のプラスチックごみが出ます。そして、多くのごみが回収されずに、野外で燃やされたり、川に捨てられたりすることもあります。そこで2013年、メラティさん（10歳）とイザベルさん（12歳）の姉妹が、島の自然を守るために「レジ袋をやめよう！」という活動をはじめました。請願書をつくったり、ビーチの清掃活動を行ったり、さらにはハンガーストライキ（ごはんを食べずに座りこみをして抗議すること）まで行って、ついに州知事と2018年までにバリでのレジ袋使用を廃止するという約束を交わしたのです。

店などが使える「BYE BYE PLASTIC BAGS（さよならレジ袋）」のシールをつくって、バリ島の店の大人にくばった。

*1 熊捕崇将「レジ袋削減政策の経済分析」『ソシオサイエンス』（16号，2010年）　*2 中井八千代「市民のレジ袋削減への取り組み」『廃棄物学会誌』（19巻5号，2008年，pp. 215-222）

ごみを減らす！ ダイエット作戦

家から出るごみを減らすために、各自治体もさまざまなよびかけをしています。東京都江戸川区では、2021年度までに2000年度に比べてごみを20％減らすために、「Edogawaごみダイエットプラン」をつくり、「1人1日9gのごみを減らそう！」とよびかけています。北海道札幌市では、「さっぽろゴミュニケーション」として、食品ロスを減らすため、「日曜日は冷蔵庫をお片づけ。」、使わなくなったものをリユースにまわすため、「しまっておくより月イチ・リユース。」をキャッチフレーズに、冷蔵庫や家の中を片づけようとよびかけています。また、大阪府能勢町では、ごみを減らす新たな取り組みとして、野菜や果物の皮を捨てずに、おいしく食べる「リ・ジュースdeへるしー」キャンペーンを行っています。

野菜や果物の皮には、体に良い成分が多くふくまれていて、ジュースなどにすると効率よく栄養がとれて、生ごみを減らすことができる。能勢町では野菜や果物の皮を使ったジュースや料理のレシピを町のホームページなどで紹介している。

次の世代に、青い海を残すという思いから、参加者は青いものを身に着けて参加している。

調べるごみ拾いによって、ごみの種類と数の「見える化」が実現し、参加者一人ひとりに気づきが生まれる。

画像提供：荒川クリーンエイド・フォーラム

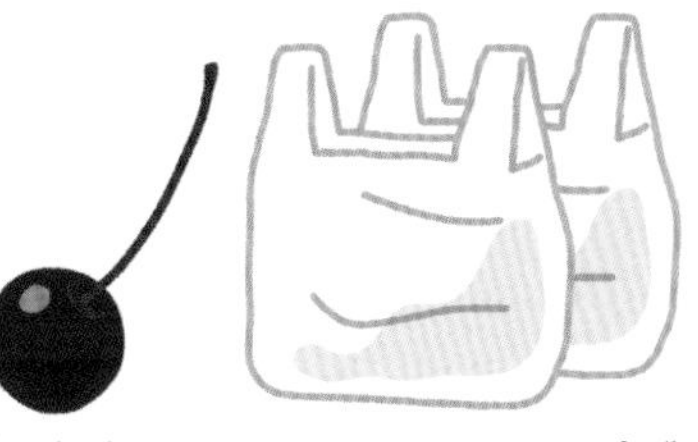

毎日1人9gのごみを減らせば、江戸川区でごみ収集車約1500台のごみを減らせる。9gのごみの減量は、サクランボ1個、またはマイバッグを使ってレジ袋約1～2枚を減らせば達成できる。

札幌市では、週に1回は、忘れられた使いかけの食材や食べ残しの料理、消費期限・賞味期限が近づいているものを見つけて使いきり、食品ロスを減らそう、月に1回は、クローゼットや物置などを整理して、着なくなった服や、いらなくなったもの、使わずにためこんでいるものを、リユースショップなどに持っていこう、とよびかけている。

海や川をきれいにしよう！

出てしまったごみがあっても、これ以上、海にごみを出さないように、さまざまなNPO法人（特定非営利活動法人）や会社、自治体が川や海の清掃活動をしています。日本財団と環境省は、海洋ごみを減らすために、5月30日の「ごみゼロの日」から6月5日の「環境の日」、6月8日の「世界海洋デー」にかけて、全国でいっせいに海や川などの清掃を行う「海ごみゼロウィーク」（左上）を行っています。

また、NPO法人の荒川クリーンエイド・フォーラムでは、ごみをただ拾うだけではなく、参加者にごみを調べながら拾ってもらい、ごみの数、場所、種類を調査しています（左下）。どんなごみが、どこにどれだけたまるのかを調べて、川に流れこむごみを効率的に回収する方法をさぐっているのです。それにより、荒川から海へ流れ出るプラスチックごみを減らそうとしています。

さくいん

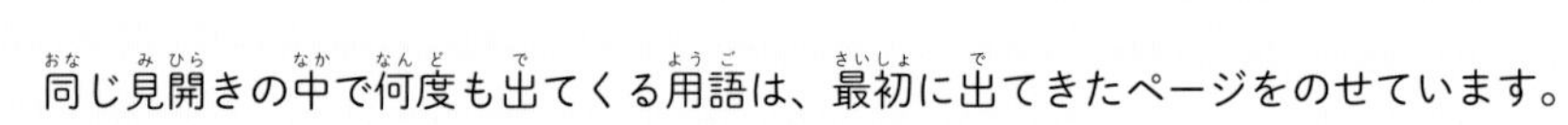
同じ見開きの中で何度も出てくる用語は、最初に出てきたページをのせています。

は

ま

や・ら

監修者紹介

織 朱實（おり あけみ）　上智大学大学院 地球環境学研究科 教授

1986年3月早稲田大学法学部卒業後、東京海上火災保険株式会社に入社、リスクコンサルティング業務に携わる。同社退職後、2003年3月一橋大学大学院法学研究科博士後期課程修了（法学博士Ph.D.）。関東学院大学法学部助教授（2008年より教授）を経て、現職。専門は環境法。環境法全般（大気、水質、土壌、地球温暖化、生物多様性等）を対象とした研究を行っているが、特に廃棄物、化学物質管理については、容器包装リサイクル法、化学物質管理促進法（PRTR法）の制定に国の審議会委員として関わり、また各自治体の廃棄物審議会の委員も務めている。最近は、小笠原における外来種対策をはじめ、地域の環境問題における市民参加、情報公開、リスクコミュニケーション促進のためのファシリテータの活動や、SDGｓの理解促進のためのカードゲームの普及にも積極的に関わっている。

画像提供・協力者一覧

荒川クリーンエイド・フォーラム／海と日本PROJECT／エイチ・アイ・エスグループ みなとく株式会社／日本環境協会エコマーク事務局／江戸川区／MSC日本事務所／大崎町／花王株式会社／牛乳パック再利用マーク普及促進協議会／高知県／古紙再生促進センター／札幌市／産業環境管理協会／サントリー株式会社／志布志市／3R活動推進フォーラム／セカンドハーベスト・ジャパン／セカンドハーベスト京都／全国森林組合連合会 間伐材マーク事務局／大栄環境グループ／鉄道貨物協会／東京都環境局廃棄物埋立管理事務所／東京二十三区清掃一部事務組合／東レ株式会社／日本ガラスびん協会／日本チェーンストア協会／日本バイオプラスチック協会／日本品質保証機構／日本フランチャイズチェーン協会／日本有機資源協会／練馬区／能勢町／非木材グリーン協会／PETボトルリサイクル推進協議会／前橋市／マリン・エコラベル・ジャパン協議会／緑の循環認証会議(SGEC/PEFC-J)／南信州広域連合 飯田環境センター 桐林リサイクルセンター／ユニチカ株式会社／Depositphotos／ Flickr／NOAA／Pixabay／Pixta／ Shutterstock／USFWS

参考文献

『「ゴミと人類」過去・現在・未来（1）「ゴミ」ってなんだろう？ 人類とゴミの歴史』『「ゴミと人類」過去・現在・未来（2）日本のゴミと世界のゴミ 現代のゴミ戦争』『「ゴミと人類」過去・現在・未来（3）「5R＋1R」とは？ ゴミ焼却炉から宇宙ゴミまで』（以上、あすなろ書房）、『SDGs（国連 世界の未来を変えるための17の目標）2030年までのゴール』（みくに出版）、『ごみゼロ大作戦！ 1 ごみってどこから生まれるの？』『ごみゼロ大作戦！ 5 レンタル&シェアリング』『ポプラディア情報館 ごみとリサイクル』（以上、ポプラ社）、『ごみの大研究 3Rとリサイクル社会がよくわかる』『最新! リサイクルの大研究 プラスチック容器から自動車、建物まで』（以上、PHP研究所）、『ごみはいかせる！へらせる！ 2 毎日のごみは資源になる』（岩崎書店）、『リサイクルと世界経済 – 貿易と環境保護は両立できるか』（中央公論新社）、『国谷裕子と考えるSDGsがわかる本』（文溪堂）、『池上彰のニュースに登場する世界の環境問題4 ゴミ』（さ・え・ら書房）

※その他、各種文献、各専門機関のホームページを参考にさせていただきました。

写真クレジット

【表紙・カバー】漁網がからまるアシカ、プラスチック片のちらばる海岸にいる海鳥のひな：©NOAA、海岸のごみ：©adege/Pixabay、海に浮かぶペットボトル：©Monica Volpin/Pixabay
【 本 扉 】ペットボトルをくわえるアザラシ、海にただようごみ：©NOAA、自然に燃えるごみ：©photoDiod/shutterstock.com、ごみを捨てる兄妹：©asu0307/PIXTA
【 1 章 扉 】工場で働く人：©IYO / PIXTA、地球儀を中心に学ぶ子どもたち：©AnnaStills/shutterstock.com、イネを収穫する人たち：©kazoka/shutterstock.com
【 2 章 扉 】ごみ捨て場でごみを拾う子ども：©Tinnakorn jorruang/shutterstock.com、ごみ箱にごみを分別して捨てる子ども：©Robie Online/shutterstock.com、海底にしずむごみ：©Officers, crew, and scientists of NOAA Ship NANCY FOSTER、プラスチック容器：©liudmilachernetska/depositphotos.com
【 3 章 扉 】ネットショップに出品する人：©NOV/PIXTA、海岸清掃をする人びと：©miya/PIXTA、自転車をレンタルする人：©ivan_kislitsin/shutterstock.com、ぬいぐるみを修理する親子：©AK/PIXTA、分別用ごみ箱：©happymay/PIXTA

イラスト　のはらあこ、ふるやまなつみ、酒井真由美
装丁・本文デザイン　茨木純人
編集・構成　ハユマ（原口結、小坂麻衣、近藤哲生）

ごみから考えるSDGs

未来を変えるために、何ができる？

2020年1月8日　第1版第1刷発行
2024年7月15日　第1版第7刷発行

監修者　織 朱實
発行者　永田貴之
発行所　株式会社ＰＨＰ研究所
東京本部　〒135-8137　江東区豊洲 5-6-52
児童書出版部　☎ 03-3520-9635（編集）
普及部　☎ 03-3520-9630（販売）
京都本部　〒601-8411　京都市南区西九条北ノ内町 11
PHP INTERFACE　https://www.php.co.jp/
印刷所
製本所　TOPPANクロレ株式会社

ISBN 978-4-569-78909-5

NDC519　55P　29cm